中学基礎がため100%

できた！中1数学

計算

計算 本書の特長と使い方

本シリーズは，十分な学習量による繰り返し学習を大切にしているので，
中1数学は「計算」と「関数・図形・データの活用」の2冊構成となっています。

1 例などを見て，解き方を理解	新しい解き方が出てくるところには「例」がついています。 1問目は「例」を見ながら，解き方を覚えましょう。
2 1問ごとにステップアップ	問題は1問ごとに少しずつレベルアップしていきます。 わからないときには，「例」や少し前の問題などをよく見て考えましょう。
3 答え合わせをして，考え方を確認	別冊解答には，「答えと考え方」が示してあります。 解けなかったところは「考え方」を読んで，もう一度やってみましょう。

▼ 問題ページ

やさしいところからスタートし，例を見ながら問題を解く。

答えを直接書き込む《書き込み式》

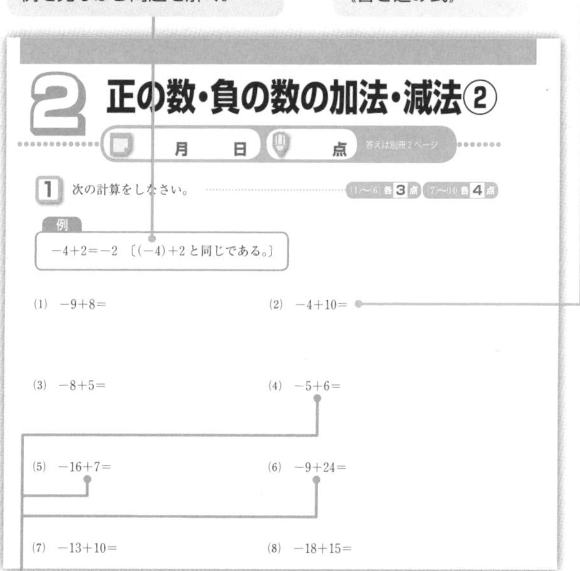

問題は1問ごと，1回ごとに少しずつステップアップ。

▼ 別冊解答

わからなかったところは別冊解答の「答」と「考え方」を読んで直す。

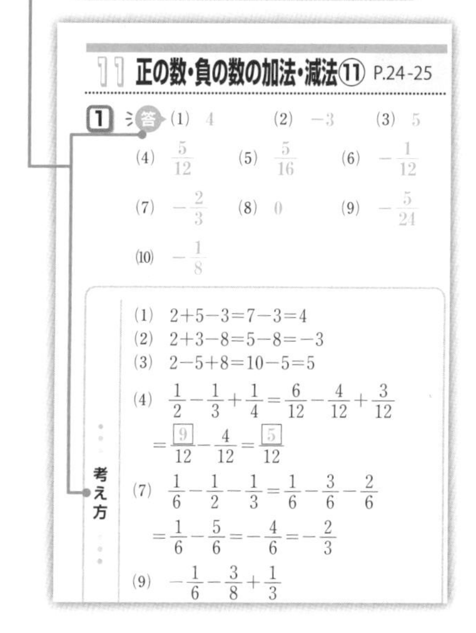

問題の途中に，下記マークが出てきます。
それぞれには，たいせつなことがらが書かれていますから役立てましょう。

- Memo ……… は暗記しておくべき公式など
- ポイント ……… はここで学習する重要なポイント
- ヒント ……… は問題を解くためのヒント
- 注意 ……… は間違えやすい点

計算 目次

中1数学 関数・図形・データの活用のご案内

比例・反比例，比例・反比例のグラフ，作図，図形の移動，おうぎ形の弧・中心角・面積，角柱・円柱・角錐・円錐，直線と平面，回転体，投影図，立体/球の表面積・体積，度数分布

『教科書との内容対応表』から，自分の教科書の部分を切りとってここにはりつけ，学習するときのページ合わせに活用してください。

1 正の数・負の数の加法・減法①

月　日　　点　答えは別冊 2 ページ

1 次の計算をしなさい。　各4点

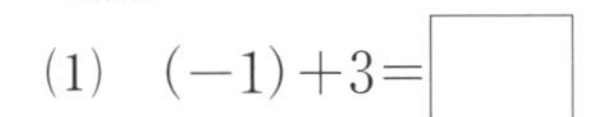

(1) $(-1)+3=$□

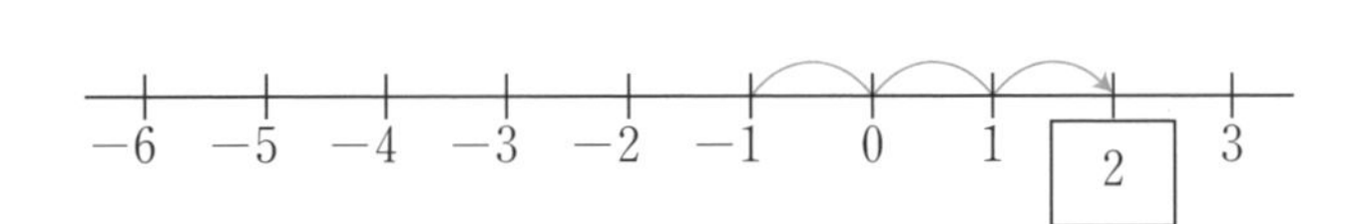

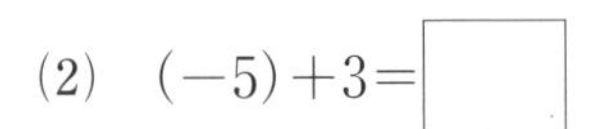

(2) $(-5)+3=$□

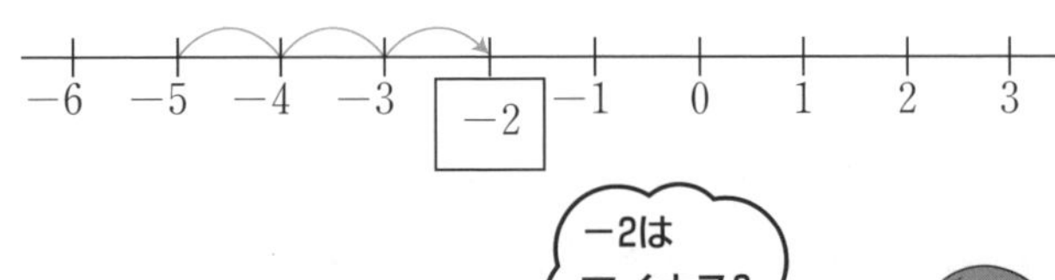

(3) $(-1)+4=$

(4) $(-5)+5=$

(5) $(-5)+8=$

(6) $(-3)+2=$

(7) $(-2)+7=$

(8) $(-7)+2=$

(9) $(-3)+6=$

(10) $(-6)+3=$

Memo 覚えておこう

- **−3，−1 のような数を負の数という。**
  3，1 のような数を正の数という。
  正の数，0，負の数は，下の数直線のように，並んでいる。

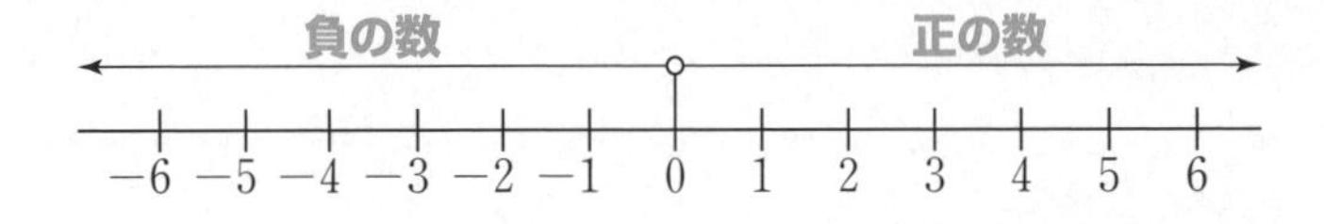

2 次の計算をしなさい。 各4点

(1) $(-1)-3=$ □

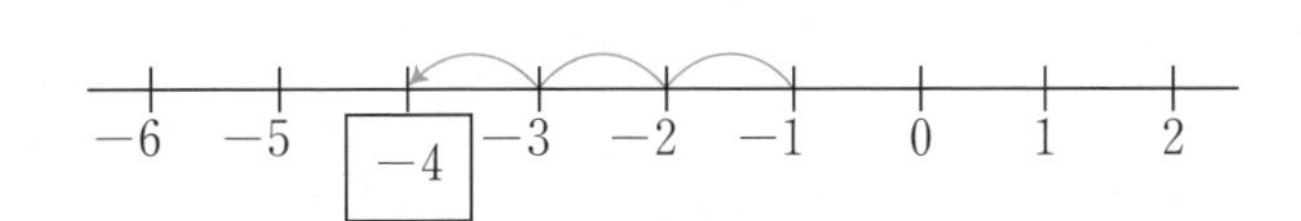

(2) $(-1)-4=$

(3) $(-2)-4=$

(4) $(-3)-5=$

(5) $(-3)-7=$

(6) $(-4)-9=$

(7) $(-6)-8=$

(8) $(-16)-9=$

(9) $(-4)-4=$

(10) $(-10)-4=$

(11) $(-12)-13=$

(12) $-3-5=$

$(-3)-5$ と同じである。

(13) $-7-8=$

(14) $-8-5=$

(15) $-7-3=$

Memo 覚えておこう

1，2，3，…のような正の整数を自然数という。
数直線上で，ある数に対応する点と原点との距離を，その数の絶対値という。3の絶対値も，−3の絶対値も3である。

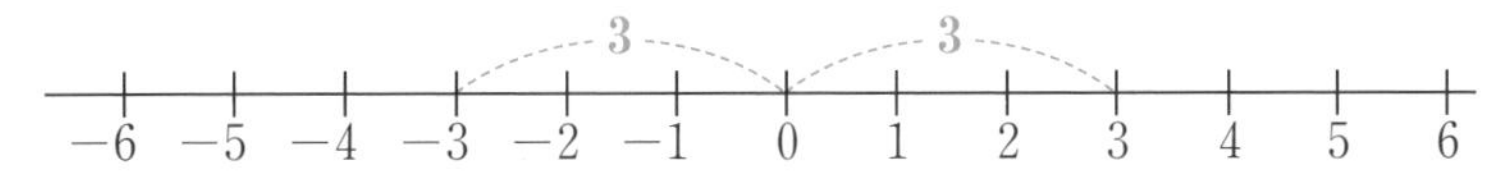

また，0の絶対値は0である。

正の数・負の数の加法・減法②

 月　日  点

答えは別冊 2 ページ

 次の計算をしなさい。 (1)〜(6) 各3点 (7)〜(14) 各4点

例

$-4+2=-2$ 〔$(-4)+2$ と同じである。〕

(1) $-9+8=$

(2) $-4+10=$

(3) $-8+5=$

(4) $-5+6=$

(5) $-16+7=$

(6) $-9+24=$

(7) $-13+10=$

(8) $-18+15=$

(9) $-14+22=$

(10) $-18+12=$

(11) $-13+9=$

(12) $-27+23=$

(13) $-30+18=$

(14) $-40+33=$

2 次の計算をしなさい。

(1) $-2-5=$

(2) $-9-4=$

(3) $-8-1=$

(4) $-6-7=$

(5) $-13-5=$

(6) $-4-17=$

(7) $-14-15=$

(8) $-18-12=$

(9) $-26-19=$

(10) $-28-33=$

3 次の計算をしなさい。

(1) $8+3=$

(2) $8-3=$

(3) $-8+3=$

(4) $-8-3=$

(5) $6+15=$

(6) $6-15=$

(7) $-6+15=$

(8) $-6-15=$

正の数・負の数の加法・減法③

 月　日  点　答えは別冊２ページ

1 次の計算をしなさい。　(1)～(12) 各３点　(13)～(16) 各４点

例
・$2+(-5)=2-5=-3$　・$2-(+5)=2-5=-3$
・$2-(-5)=2+5=7$　・$2+(+5)=2+5=7$

(1) $7+(-4)$
$=7-4=$

(2) $7-(+4)$
$=7-4=$

(3) $7-(-4)$
$=7+4=$

(4) $7+(+4)$
$=7+4=$

(5) $5-(+8)$
$=$

(6) $5+(-8)$
$=$

(7) $5+(+8)$
$=$

(8) $5-(-8)$
$=$

(9) $7+(-12)$
$=$

(10) $7-(+12)$
$=$

(11) $7-(-12)$
$=$

(12) $7+(+12)$
$=$

(13) $13-(-17)$
$=$

(14) $15-(+11)$
$=$

(15) $20+(-33)$
$=$

(16) $18-(-19)$
$=$

2 次の計算をしなさい。

(1) $(+3)+(+5)$
$=3+5=$

(2) $(+9)+(-4)$
$=9-4=$

(3) $(+6)-(-6)$
$=$

(4) $(+8)-(+3)$
$=$

(5) $(+4)-(-10)$
$=$

(6) $(+1)+(-8)$
$=$

(7) $(+5)-(+15)$
$=$

(8) $(+3)+(+12)$
$=$

(9) $(+10)+(-14)$
$=$

(10) $(+13)-(-13)$
$=$

(11) $(+19)-(+11)$
$=$

(12) $(+12)-(-17)$
$=$

(13) $(+18)+(-18)$
$=$

(14) $(+25)+(+24)$
$=$

ポイント

＋(＋○) ➡ ＋○
＋(－○) ➡ －○
－(＋○) ➡ －○
－(－○) ➡ ＋○

正の数・負の数の加法・減法④

 月　日  点　答えは別冊 2 ページ

1 次の計算をしなさい。　各3点

(1) $(-3)+(+5)$
$=-3+5=$

(2) $(-3)-(+5)$
$=-3-5=$

(3) $(-3)+(-5)$
$=-3-5=$

(4) $(-3)-(-5)$
$=-3+5=$

(5) $(-6)+(+6)$
$=$

(6) $(-6)-(+6)$
$=$

(7) $(-6)+(-6)$
$=$

(8) $(-6)-(-6)$
$=$

(9) $(-4)-(+8)$
$=$

(10) $(-8)-(+4)$
$=$

(11) $(-10)+(-11)$
$=$

(12) $(-13)-(-3)$
$=$

(13) $(-15)-(-14)$
$=$

(14) $(-18)+(+20)$
$=$

(15) $(-31)-(+21)$
$=$

(16) $(-16)-(-16)$
$=$

2 次の計算をしなさい。

(1) $(-7)+(+2)$

$=$

(2) $(-7)+(-2)$

$=$

(3) $(-7)-(+2)$

$=$

(4) $(-7)-(-2)$

$=$

(5) $(-3)+(+8)$

$=$

(6) $(-3)-(-8)$

$=$

(7) $(-3)+(-8)$

$=$

(8) $(-3)-(+8)$

$=$

(9) $(-9)+(-9)$

$=$

(10) $(-9)+(+9)$

$=$

(11) $(-9)-(+9)$

$=$

(12) $(-9)-(-9)$

$=$

(13) $(-14)-(-18)$

$=$

(14) $(-11)+(+19)$

$=$

(15) $(-22)+(-33)$

$=$

(16) $(-17)-(+13)$

$=$

正の数・負の数の加法・減法⑤

 月　日  点　答えは別冊2ページ

1 次の計算をしなさい。　各3点

(1) $0.5-0.2=$

(2) $0.2-0.5=$

(3) $0.7-0.3=$

(4) $0.3-0.7=$

(5) $(-0.1)+0.3=$

(6) $(-0.8)+0.2=$

(7) $(-0.4)-1.6=$

(8) $(-0.3)-1.2=$

(9) $-0.4-1.6=$

(10) $-0.9-0.4=$

(11) $-1.2+0.2=$

(12) $-0.8+1=$

(13) $0.3+1.7=$

(14) $0.3-1.7=$

(15) $-0.3+1.7=$

(16) $-0.3-1.7=$

2 次の計算をしなさい。

(1)〜(12) 各3点 (13)〜(16) 各4点

(1) $0.8+(-0.4)=$

(2) $0.8-(+0.4)=$

(3) $0.2-(-0.9)=$

(4) $0.2+(+0.9)=$

(5) $(+0.3)+(+0.5)=$

(6) $(+0.6)+(-0.4)=$

(7) $(-0.5)+(-0.5)=$

(8) $(-0.7)-(-0.2)=$

(9) $(+0.9)-(-0.1)=$

(10) $(+0.4)+(-0.7)=$

(11) $(-0.3)+(+0.8)=$

(12) $(-0.6)-(-1)=$

(13) $(-1.2)-(-2.1)=$

(14) $(-1.8)+(+1.1)=$

(15) $(-2.3)+(-1.5)=$

(16) $(-1.7)-(+1.3)=$

正の数・負の数の加法・減法⑥

月　日　点　答えは別冊2ページ

1 次の計算をしなさい。

(1)〜(10) 各4点　(11)〜(12) 各5点

(1) $\frac{4}{5}-\frac{1}{5}=$

(2) $\frac{1}{3}-\frac{2}{3}=-\frac{\square}{3}$

(3) $\frac{5}{7}-\frac{3}{7}=$

(4) $\frac{1}{8}-\frac{6}{8}=$

(5) $\frac{2}{4}-\frac{3}{4}=$

(6) $\frac{4}{6}-\frac{5}{6}=$

(7) $\frac{3}{8}-\frac{5}{8}=-\frac{\square}{8}=$

(8) $\frac{8}{9}-\frac{5}{9}=$

(9) $\frac{1}{6}-\frac{5}{6}=$

(10) $\frac{2}{10}-\frac{7}{10}=$

(11) $\frac{7}{12}-\frac{11}{12}=$

(12) $\frac{13}{15}-\frac{8}{15}=$

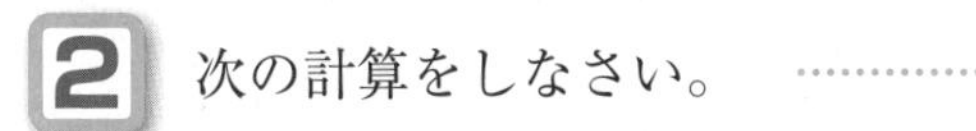

2 次の計算をしなさい。

(1) $\frac{1}{2}-\frac{1}{4}=\frac{\square}{4}-\frac{1}{4}=$

(2) $\frac{3}{8}-\frac{3}{4}=$

(3) $\frac{1}{3}-\frac{4}{9}=$

(4) $\frac{1}{2}-\frac{5}{8}=$

(5) $\frac{2}{5}-\frac{1}{10}=$

(6) $\frac{1}{6}-\frac{1}{2}=$

(7) $\frac{3}{10}-\frac{4}{5}=$

(8) $\frac{11}{20}-\frac{3}{4}=$

(9) $\frac{5}{12}-\frac{2}{3}=$

(10) $\frac{7}{15}-\frac{2}{3}=$

7 正の数・負の数の加法・減法⑦

 月　日  点　答えは別冊 3 ページ

1 次の計算をしなさい。　(1)〜(10) 各 **4** 点　(11)〜(12) 各 **5** 点

(1) $-\frac{2}{9}+\frac{7}{9}=$

(2) $-\frac{2}{3}+\frac{1}{3}=$

(3) $-\frac{3}{5}+\frac{2}{5}=$

(4) $-\frac{4}{7}+\frac{2}{7}=$

(5) $-\frac{1}{2}+\frac{1}{2}=$

(6) $-\frac{3}{9}+\frac{5}{9}=$

(7) $-\frac{5}{6}+\frac{1}{6}=-\frac{\square}{6}=$

(8) $-\frac{3}{8}+\frac{5}{8}=$

(9) $-\frac{2}{9}+\frac{8}{9}=$

(10) $-\frac{3}{4}+\frac{1}{4}=$

(11) $-\frac{11}{15}+\frac{14}{15}=$

(12) $-\frac{9}{16}+\frac{13}{16}=$

2 次の計算をしなさい。

(1) $-\frac{1}{3}+\frac{2}{9}=$

(2) $-\frac{1}{4}+\frac{1}{2}=$

(3) $-\frac{1}{2}+\frac{5}{8}=$

(4) $-\frac{1}{10}+\frac{4}{5}=$

(5) $-\frac{5}{8}+\frac{1}{4}=$

(6) $-\frac{1}{2}+\frac{5}{6}=$

(7) $-\frac{5}{12}+\frac{3}{4}=$

(8) $-\frac{1}{10}+\frac{3}{5}=$

(9) $-\frac{2}{3}+\frac{11}{12}=$

(10) $-\frac{3}{5}+\frac{7}{20}=$

正の数・負の数の加法・減法⑧

月　日　　点　答えは別冊 3 ページ

1 次の計算をしなさい。　(1)〜(6) 各**4**点　(7)〜(12) 各**5**点

(1) $\frac{3}{5}-\frac{1}{5}=$

(2) $-\frac{3}{5}+\frac{1}{5}=$

(3) $-\frac{4}{7}-\frac{1}{7}=$

(4) $\frac{1}{7}-\frac{4}{7}=$

(5) $-\frac{3}{10}-\frac{7}{10}=$

(6) $-\frac{7}{10}+\frac{3}{10}=$

(7) $-\frac{7}{9}+\frac{1}{3}=$

(8) $\frac{1}{2}-\frac{7}{8}=$

(9) $-\frac{1}{10}-\frac{2}{5}=$

(10) $\frac{1}{3}-\frac{5}{6}=$

(11) $-\frac{1}{6}-\frac{2}{3}=$

(12) $-\frac{4}{5}+\frac{3}{10}=$

2 次の計算をしなさい。

(1) $\frac{3}{7}+\left(+\frac{2}{7}\right)=$

(2) $\frac{4}{9}+\left(-\frac{2}{9}\right)=$

(3) $\frac{3}{8}-\left(-\frac{1}{8}\right)=$

(4) $-\frac{5}{12}-\left(+\frac{7}{12}\right)=$

(5) $-\frac{3}{10}+\left(+\frac{1}{2}\right)=$

(6) $\frac{5}{6}-\left(+\frac{1}{12}\right)=$

(7) $\frac{5}{18}+\left(-\frac{5}{6}\right)=$

(8) $\frac{3}{20}-\left(-\frac{3}{5}\right)=$

(9) $-\frac{19}{30}-\left(-\frac{3}{10}\right)=$

(10) $-\frac{5}{24}-\left(+\frac{11}{12}\right)=$

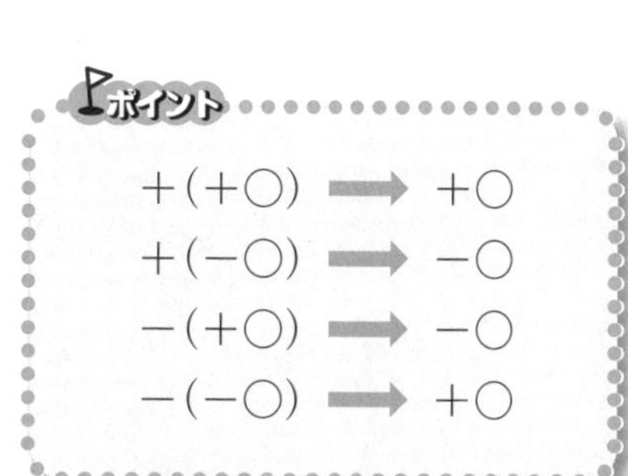

正の数・負の数の加法・減法⑨

月　日

点　答えは別冊 4 ページ

1 次の計算をしなさい。　各5点

例

$-\frac{5}{7}+\frac{3}{7}=-\frac{2}{7} \rightarrow -1\frac{5}{7}+\frac{3}{7}=-1\frac{2}{7}$

$\frac{1}{5}-2\frac{4}{5}=-2\frac{3}{5}$　　$\frac{4}{5}-2\frac{1}{5}=\frac{4}{5}-1\frac{6}{5}=-1\frac{2}{5}$

(1) $\frac{1}{7}-2\frac{5}{7}=$

(2) $\frac{5}{7}-2\frac{1}{7}=$

(3) $-\frac{1}{5}+2\frac{4}{5}=2\frac{\square}{5}$

(4) $-\frac{4}{5}+2\frac{1}{5}=-\frac{4}{5}+1\frac{\square}{5}=1\frac{\square}{5}$

(5) $-\frac{1}{7}+4\frac{5}{7}=$

(6) $-\frac{5}{7}+4\frac{1}{7}=$

(7) $-2\frac{4}{5}+\frac{1}{5}=-2\frac{\square}{5}$

(8) $-2\frac{1}{5}+\frac{4}{5}=-1\frac{\square}{5}+\frac{4}{5}=-1\frac{\square}{5}$

(9) $-3\frac{3}{7}+\frac{2}{7}=$

(10) $-3\frac{2}{7}+\frac{3}{7}=$

次の計算をしなさい。 各5点

例

$\frac{1}{3}-2\frac{1}{2}=\frac{2}{6}-2\frac{3}{6}=-2\frac{1}{6}$　　$\frac{1}{2}-2\frac{1}{3}=\frac{3}{6}-2\frac{2}{6}=\frac{3}{6}-1\frac{8}{6}=-1\frac{5}{6}$

(1) $\frac{4}{9}-2\frac{2}{3}=$

(2) $\frac{7}{9}-2\frac{2}{3}=$

(3) $-2\frac{1}{3}+\frac{1}{9}=-2\frac{\square}{9}+\frac{1}{9}=$

(4) $-2\frac{1}{3}+\frac{5}{9}=-2\frac{\square}{9}+\frac{5}{9}=-1\frac{\square}{9}+\frac{5}{9}=$

(5) $-3\frac{1}{2}+\frac{1}{3}=$

(6) $-3\frac{1}{3}+\frac{1}{2}=$

(7) $-1\frac{1}{3}-\frac{5}{6}=-1\frac{\square}{6}-\frac{5}{6}=$

(8) $-1\frac{5}{6}-\frac{2}{3}=$

(9) $-\frac{3}{4}-2\frac{3}{8}=$

(10) $-\frac{1}{4}-2\frac{5}{8}=$

正の数・負の数の加法・減法⑩

 月　日  点 答えは別冊 4 ページ

1 次の計算をしなさい。 各4点

(1) $1\frac{1}{5}+1\frac{2}{5}=$

(2) $2\frac{5}{6}+\left(-1\frac{1}{6}\right)=$

(3) $-1\frac{1}{8}+3\frac{5}{8}=$

(4) $-1\frac{7}{10}-\left(-2\frac{3}{10}\right)=$

(5) $2\frac{1}{4}-3\frac{3}{4}=$

(6) $-1\frac{2}{9}+2\frac{8}{9}=$

2 次の計算をしなさい。 各5点

(1) $1\frac{1}{2}+1\frac{3}{8}=$

(2) $2\frac{5}{9}+\left(-1\frac{1}{3}\right)=$

(3) $-2\frac{4}{5}-\left(-1\frac{7}{10}\right)=$

(4) $1\frac{4}{7}-2\frac{11}{14}=$

(5) $-3\frac{1}{8}+2\frac{3}{4}=$

(6) $1\frac{5}{6}-\left(-\frac{7}{12}\right)=$

3 次の計算をしなさい。

(1) $1\frac{1}{6}+\left(+2\frac{2}{3}\right)=$

(2) $1\frac{1}{6}+\left(-2\frac{2}{3}\right)=$

(3) $-2\frac{3}{5}-\left(+1\frac{1}{10}\right)=$

(4) $-2\frac{3}{5}-\left(-1\frac{1}{10}\right)=$

(5) $1\frac{3}{4}-\left(-2\frac{3}{8}\right)=$

(6) $-1\frac{2}{9}+\left(-1\frac{1}{3}\right)=$

(7) $2\frac{1}{2}-\left(+2\frac{7}{10}\right)=$

(8) $1\frac{7}{12}-\left(-2\frac{2}{3}\right)=$

(9) $-2\frac{4}{5}+\left(+2\frac{7}{15}\right)=$

(10) $-1\frac{5}{18}-\left(-2\frac{1}{6}\right)=$

正の数・負の数の加法・減法⑪

月　　日

点

答えは別冊 5 ページ

1 次の計算をしなさい。 …… 各5点

(1) $2+5-3=7-3=$

(2) $2+3-8=$

(3) $2-5+8=$

(4) $\frac{1}{2}-\frac{1}{3}+\frac{1}{4}=\frac{6}{12}-\frac{4}{12}+\frac{3}{12}=\frac{\square}{12}-\frac{4}{12}=\frac{\square}{12}$

(5) $\frac{1}{2}-\frac{1}{4}+\frac{1}{16}=$

(6) $\frac{1}{2}-\frac{1}{3}-\frac{1}{4}=$

(7) $\frac{1}{6}-\frac{1}{2}-\frac{1}{3}=$

(8) $-\frac{1}{6}+\frac{1}{2}-\frac{1}{3}=$

(9) $-\frac{1}{6}-\frac{3}{8}+\frac{1}{3}=$

(10) $-\frac{1}{6}+\frac{3}{8}-\frac{1}{3}=$

2 次の計算をしなさい。

(1) $\left(-\frac{1}{2}\right)+\left(+\frac{1}{3}\right)+\left(-\frac{1}{6}\right)=-\frac{1}{2}+\frac{1}{3}-\frac{1}{6}=$

(2) $\left(-\frac{1}{2}\right)+\left(+\frac{1}{3}\right)-\left(-\frac{1}{6}\right)=$

(3) $\left(-\frac{5}{6}\right)-\left(-\frac{1}{2}\right)-\left(+\frac{1}{3}\right)=$

(4) $\left(+\frac{5}{6}\right)-\left(-\frac{1}{2}\right)+\left(+\frac{1}{3}\right)=$

(5) $\left(-\frac{1}{2}\right)+\left(+\frac{1}{3}\right)-\left(+\frac{1}{6}\right)=$

(6) $\left(-\frac{1}{2}\right)-\left(-\frac{1}{3}\right)-\left(-\frac{1}{6}\right)=$

(7) $\left(+\frac{5}{6}\right)+\left(-\frac{2}{3}\right)+\left(-\frac{5}{9}\right)=$

(8) $\left(-\frac{7}{9}\right)-\left(-1\frac{5}{6}\right)+\left(-\frac{7}{12}\right)=$

(9) $\left(+\frac{3}{8}\right)-\left(+2\frac{1}{3}\right)-\left(+\frac{5}{12}\right)=$

(10) $\left(-1\frac{5}{6}\right)+\left(-1\frac{3}{4}\right)-\left(-3\frac{1}{10}\right)=$

正の数・負の数の乗法①

 月　日  点　答えは別冊6ページ

1 次の計算をしなさい。　各4点

例
- $(+3)\times(+4)=+12$
- $(+3)\times(-4)=-12$
- $(-3)\times(+4)=-12$
- $(-3)\times(-4)=+12$

ポイント
●2つの数の積の符号（ふごう）
⊕と⊕をかけると　⊕
⊕と⊖をかけると　⊖
⊖と⊖をかけると　⊕

(1)　$(+4)\times(+6)=$

(2)　$(+4)\times(-6)=$

(3)　$(-4)\times(-6)=$

(4)　$(-4)\times(+6)=$

(5)　$(+8)\times(-3)=$

(6)　$(-8)\times(-3)=$

(7)　$(-2)\times(-20)=$

(8)　$(-3)\times(+18)=$

(9)　$(-1)\times(+15)=$

(10)　$(-4)\times(-16)=$

2 次の計算をしなさい。　各1点

(1)　$(-3)\times0=$

(2)　$0\times(+4)=$

(3)　$0\times(-5)=$

(4)　$(+6)\times0=$

3 答えの符号を先に決めてから，計算しなさい。 …… 各3点

(1) $(-7)\times(+9)=-(7\times9)$

$=\square$

(2) $(-9)\times(-7)=+(9\times7)$

$=\square$

(3) $12\times(-4)=$

(4) $(-12)\times4=$

(5) $5\times(-13)=$

(6) $(-5)\times13=$

(7) $(+3.4)\times(+0.2)=$

(8) $(-3.4)\times0.2=$

4 答えの符号を先に決めてから，計算しなさい。 …… 各4点

(1) $\left(-\frac{5}{6}\right)\times\left(+\frac{3}{4}\right)=-\left(\frac{5}{6}\times\frac{3}{4}\right)$

$=\square$

(2) $\left(+\frac{5}{6}\right)\times\left(-\frac{3}{4}\right)=$

(3) $\left(-\frac{4}{9}\right)\times\left(-\frac{3}{8}\right)=$

(4) $\left(-\frac{3}{8}\right)\times\frac{4}{9}=$

(5) $\left(-\frac{7}{8}\right)\times4=$

(6) $(-4)\times\left(-\frac{7}{8}\right)=$

(7) $(-1)\times\left(-\frac{11}{12}\right)=$

(8) $\left(-\frac{14}{15}\right)\times0=$

13 正の数・負の数の乗法②

月　日　　点　答えは別冊6ページ

1 例にならって，次の計算を左から順にしなさい。……各5点

例

- $(-2)\times(+1)\times(+5)=(-2)\times(+5)=-10$
- $(-2)\times(+1)\times(-5)=(-2)\times(-5)=10$

(1) $(-3)\times(+2)\times(+5)=$

(2) $(-3)\times(+2)\times(-5)=$

(3) $(+3)\times(-2)\times(-5)=$

(4) $(-2)\times(-2)\times(-5)=$

(5) $(+6)\times(-4)\times(+2)=$

2 例にならって，答えの符号(ふごう)を先に決めてから，計算しなさい。……

例

- $(-5)\times(+6)\times(-7)=+(5\times6\times7)=210$
- $(-2)\times(-4)\times(-5)=-(2\times4\times5)=-40$

(1) $(-2)\times(+3)\times(-5)=$

(2) $(-2)\times(+3)\times(+5)=$

(3) $(-4)\times(+5)\times(-1)\times(+6)=$

(4) $(+4)\times(-5)\times(-1)\times(-6)=$

(5) $(-1)\times(+8)\times(+8)\times(-1)=$

ポイント

●乗法の答えの符号（負の数の個数で決まる）

負の数が　①偶数（ぐうすう）個のとき　＋　　②奇数（きすう）個のとき　－

3 次の計算をしなさい。

(1) $(-2)\times(-2)\times(-2)\times(+2)=$

(2) $(-2)\times(-2)\times(-2)\times(-2)=$

(3) $(-1)\times6\times(-5)\times3=$

(4) $(-1)\times(-6)\times5\times(-3)=$

(5) $2\times(-3)\times(-4)\times(-5)=$

(6) $(-2)\times(-3)\times(-4)\times(-5)=$

(7) $(-7)\times(+3)\times0\times(-8)=$

(8) $\left(-\frac{2}{5}\right)\times\left(+\frac{3}{4}\right)\times\left(-\frac{5}{8}\right)\times\left(-\frac{1}{6}\right)=-\left(\frac{\overset{1}{\cancel{2}}}{\underset{1}{\cancel{5}}}\times\frac{\overset{1}{\cancel{3}}}{\underset{2}{\cancel{4}}}\times\frac{\overset{1}{\cancel{5}}}{8}\times\frac{1}{\underset{2}{\cancel{6}}}\right)=-\frac{1}{\square}$

(9) $\left(+\frac{1}{2}\right)\times\left(-\frac{2}{3}\right)\times\left(-\frac{3}{4}\right)\times\left(-\frac{4}{5}\right)=$

(10) $\left(-\frac{3}{8}\right)\times\left(+\frac{8}{9}\right)\times\left(-\frac{6}{7}\right)\times\left(+\frac{7}{12}\right)=$

14 正の数・負の数の乗法③

月　　日　　　点　答えは別冊6ページ

1 次の積を，累乗（るいじょう）の指数を使って表しなさい。　各3点

例
- $5\times5=5^2$
- $5\times5\times5=5^3$
- $(-5)\times(-5)\times(-5)=(-5)^3$

(1) $3\times3=$

(2) $4\times4\times4=$

(3) $(-6)\times(-6)=$

(4) $(-1)\times(-1)\times(-1)=$

(5) $\frac{1}{3}\times\frac{1}{3}\times\frac{1}{3}=$

(6) $\left(-\frac{1}{4}\right)\times\left(-\frac{1}{4}\right)=$

Memo 覚えておこう

●累乗と指数

5^2を5の2乗、5^3を5の3乗と読む。

同じ数をいくつかかけ合わせたものを，その数の累乗といい，右上の小さい数は，かけ合わせる数の個数を表し，指数という。

5^3←指数

2 次の計算をしなさい。　各3点

(1) $2^2=2\times2$
$=$

(2) $2^3=2\times2\times2$
$=$

(3) $2^4=2\times2\times2\times2$
$=$

(4) $2^5=$

(5) $3^2=$

(6) $3^3=$

3 次の計算をしなさい。 各4点

(1) $(-2)^2=(-2)\times(-2)$

$=$

(2) $(-2)^3=(-2)\times(-2)\times(-2)$

$=$

(3) $(-3)^2=$

(4) $(-5)^3=$

(5) $\left(-\frac{1}{2}\right)^3=$

(6) $\left(-\frac{2}{3}\right)^3=$

(7) $(-0.5)^2=(-0.5)\times(-0.5)$

$=$

(8) $(-1.5)^2=$

(9) $(-0.1)^3=$

4 次の計算をしなさい。

(1) $5^2-4^2=25-16$

$=$

(2) $6^2-5^2=$

(3) $7^2-6^2=$

(4) $8^2-7^2=$

(5) $4^3-2^3=$

(6) $(-3)^3+(-2)^2=$

(7) $4^3-(-5)^3=$

正の数・負の数の乗法④

 月　日  点　答えは別冊７ページ

1 次の計算をしなさい。 各3点

(1) $(-1)^2\times(-1)^2=(-1)\times(-1)\times(-1)\times(-1)=(-1)^4=$

(2) $-(-1)^2=(-1)\times(-1)^2=$

(3) $(-1)^7\times6=$

(4) $-(-1)^4\times5=$

ポイント

●累乗(るいじょう)の指数と符号(ふごう)

$(-3)^3=-(3\times3\times3)=-27$ ⟸ 負の数の累乗の指数が奇数(きすう)であるので符号は負。

$(-3)^4=+(3\times3\times3\times3)=81$ ⟸ 負の数の累乗の指数が偶数(ぐうすう)であるので符号は正。

★$(-3)^4$ と -3^4 は違(ちが)うので注意する。$-3^4=-(3\times3\times3\times3)=-81$

2 次の計算をしなさい。 各4点

(1) $(-4)^2=(-4)\times(-4)=$

(2) $-4^2=-(4\times4)=$

(3) $(-9)^2=$

(4) $-9^2=$

(5) $(-2)^4=$

(6) $-2^4=$

3 次の計算をしなさい。 各4点

(1) $3\times2^2=3\times4$
$=$

(2) $(3\times2)^2=6^2$
$=$

(3) $3^2\times2^2=$

(4) $2^2\times3^2=$

(5) $(2\times3)^2=$

(6) $(3+2)^2=$

4 次の計算をしなさい。 各4点

(1) $-2^2\times3^2=-4\times9$
$=$

(2) $(-2)^2\times(-3)^2=4\times9$
$=$

(3) $-(3\times2)^2=$

(4) $-(-2)^2\times(-3)^2=$

(5) $(-2)^3\times(-3)^2=$

(6) $-(2\times3)^2=$

(7) $\left(-\frac{1}{2}\right)^2\times\left(-\frac{1}{3}\right)^2$
$=$

(8) $-\left(\frac{1}{2}\times\frac{1}{3}\right)^2$
$=$

(9) $\left(-\frac{1}{2}\right)^3\times\left(-\frac{1}{3}\right)^2$
$=$

(10) $-\left(-\frac{1}{2}\right)^2\times\left(-\frac{1}{3}\right)^3$
$=$

16 正の数・負の数の除法①

1 次の計算をしなさい。　各3点

例
- $(+8) \div (+2) = +4$
- $(+8) \div (-2) = -4$
- $(-8) \div (+2) = -4$
- $(-8) \div (-2) = +4$

ポイント

●2つの数の商の符号(ふごう)

⊕を⊕でわると　⊕
⊕を⊖でわると　⊖
⊖を⊕でわると　⊖
⊖を⊖でわると　⊕

(1) $(+12) \div (+3) =$

(2) $(+12) \div (-3) =$

(3) $(-12) \div (+3) =$

(4) $(-12) \div (-3) =$

(5) $(+20) \div (-4) =$

(6) $(-20) \div (-4) =$

(7) $(-45) \div (+5) =$

(8) $(-45) \div (-9) =$

2 次の計算をしなさい。　各4点

(1) $(-5.4) \div 0.9 =$

(2) $(-3.2) \div (-0.4) =$

(3) $0 \div (-3) =$

(4) $12 \div (-1) =$

Memo 覚えておこう

●**逆数　2つの数の積が1のとき，一方の数を他方の数の逆数という。**

$\frac{2}{5}$ の逆数は $\frac{5}{2}$　　　**6 の逆数は $\frac{1}{6}$ $\left(6=\frac{6}{1}\text{ だから}\right)$**

3 次の数の逆数を求めなさい。

(1) $\frac{3}{8}$　　[　　　　]　　(2) -3　　[　　　　]

(3) $-\frac{5}{12}$　　[　　　　]　　(4) $-\frac{7}{2}$　　[　　　　]

(5) -1　　[　　　　]　　(6) 0.2　　[　　　　]

4 次の計算をしなさい。

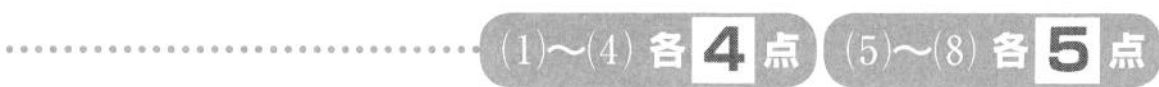

(1) $(-8)\div\frac{1}{2}=-\left(8\times\frac{2}{1}\right)$

$=$

(2) $6\div\left(-\frac{1}{3}\right)=$

(3) $\left(-\frac{1}{3}\right)\div(-2)=$

(4) $\left(-\frac{2}{5}\right)\div\left(+\frac{1}{3}\right)=$

(5) $\left(-\frac{5}{21}\right)\div\left(-\frac{5}{9}\right)=$

(6) $(+8)\div\left(-\frac{8}{9}\right)=$

(7) $\left(-\frac{17}{24}\right)\div\left(+\frac{17}{48}\right)=$

(8) $\left(-\frac{11}{36}\right)\div\left(-\frac{22}{45}\right)=$

17 正の数・負の数の除法②

月　日　　点　答えは別冊8ページ

ポイント

●乗法と除法の混じった計算の答えの符号

（乗法だけの式になおして考えれば）

負の数が　①偶数個のとき　＋　　②奇数個のとき　－

1 答えの符号を先に決めてから，計算しなさい。　各5点

(1) $(-4)\times(-3)\div(-6)=(-4)\times(-3)\times\left(-\frac{1}{6}\right)=-\left(4\times3\times\frac{1}{6}\right)$

$=$

(2) $12\div(-4)\div(-6)=$

(3) $4\div(-12)\div(-6)=$

(4) $16\div(-2)\times0\div(-3)=$

(5) $0.8\div(-1.6)\div(-0.1)=$

(6) $9\div\left(-\frac{5}{8}\right)\times\frac{5}{4}=-\left(9\times\frac{8}{5}\times\frac{5}{4}\right)=$

(7) $\frac{3}{4}\times\left(-\frac{2}{5}\right)\div\left(-\frac{1}{10}\right)=$

(8) $\left(-\frac{5}{12}\right)\div\left(-\frac{1}{3}\right)\div\left(-\frac{5}{6}\right)=$

2 次の計算をしなさい。 各6点

(1) $\frac{3}{5} \div \left(-\frac{8}{15}\right) \times \frac{2}{9} = -\left(\frac{3}{5} \times \frac{15}{8} \times \frac{2}{9}\right) =$

(2) $\left(-\frac{3}{5}\right) \div \frac{8}{15} \div \left(-\frac{2}{9}\right) =$

(3) $\left(-\frac{2}{3}\right) \div \left(-\frac{1}{6}\right) \div \left(-\frac{3}{4}\right) =$

(4) $\left(-\frac{5}{12}\right) \div \frac{3}{8} \times \left(-\frac{9}{10}\right) =$

(5) $0.75 \div \frac{5}{6} \times \left(-\frac{2}{3}\right) =$

(6) $-\frac{3}{5} \div \left\{\left(-\frac{8}{15}\right) \div \frac{2}{9}\right\} =$

(7) $\{(-3) \div (-4)\} \times \{(-6) \div (-9)\} =$

(8) $\{(-2) \div (+6)\} \div \left\{\left(-\frac{1}{3}\right) \div \left(-\frac{1}{5}\right)\right\} =$

(9) $\left(-\frac{5}{6}\right) \div \left(-\frac{25}{36}\right) \times \left(-\frac{3}{10}\right) \div (-3) =$

(10) $(-5) \times \frac{21}{40} \div (-7) \div \left(-\frac{9}{20}\right) =$

18 正の数・負の数の除法③

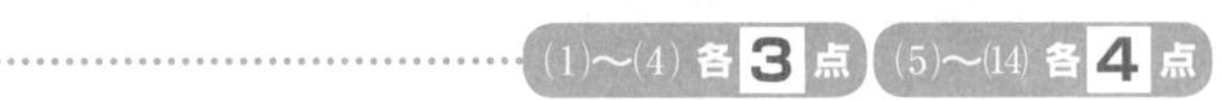
月　日　点　答えは別冊8ページ

1 次の計算をしなさい。

(1)〜(4) 各3点　(5)〜(14) 各4点

(1) $2^5 \div 2^3 = \dfrac{2\times2\times2\times2\times2}{2\times2\times2}$

$=$

(2) $2^6 \div 2^4 =$

(3) $2^3 \div 2^6 =$

(4) $2^7 \div 2^7 =$

(5) $6^3 \div 2^4 =$

(6) $6^5 \div 3^7 =$

(7) $(-2)^3 \div (-2) =$

(8) $(-2)^4 \div (-2)^2 =$

(9) $(-1)^3 \div (-1)^5 =$

(10) $(-2)^3 \div (-1)^3 =$

(11) $(-4)^3 \div (-4) =$

(12) $(-3)^2 \div (-2) =$

(13) $(-3)^3 \div (-6)^2 =$

(14) $(-5)^6 \div 5^3 =$

2 次の計算をしなさい。 各4点

(1) $(-3^4)\div 3^3=$

(2) $(-3)^6\div 3^3=$

(3) $(-4^4)\div(-4)^2=$

(4) $(-4)^4\div(-4)^2=$

(5) $(-6)^4\div(-3)^6=$

(6) $(-6^4)\div(-3)^6=$

(7) $9^3\div 3^2\div 3^3=\dfrac{9\times 9\times 9}{(3\times 3)\times(3\times 3\times 3)}=$

(8) $6^4\div(-3)^2\div 2^2=$

(9) $(-4)^8\div 2^7\div 2^6=$

(10) $3^2\times 4^2\div 6^3=\dfrac{3\times 3\times 4\times 4}{6\times 6\times 6}=$

(11) $(-3^2)\div(-2)^2\times(-4)=$

(12) $(-3)^3\div(-6)^2\times 2^2=$

19 正の数・負の数の四則①

1 次の計算をしなさい。　各4点

(1) $(-4)\times(+3)-(-5)$

$=-12+\square$

$=$

(2) $(-3)\times(+2)+5$

$=$

(3) $5\times(-2)-6$

$=$

(4) $(-5)\times(-2)-6$

$=$

(5) $-12+(-3)\times(-4)$

$=-12+\square$

$=$

(6) $7-(-3)\times(-5)$

$=$

ポイント

●四則計算の順序(1)

乗法と加法・減法の混じった式は，乗法を先に計算する。

2 次の計算をしなさい。　各4点

(1) $9\times(-4)-(-2)\times3$

$=$

(2) $3\times(-6)-9\times(-2)$

$=$

(3) $(-3)\times7+(-8)\times2$

$=$

(4) $(-7)\times3-(-2)\times(-8)$

$=$

3 次の計算をしなさい。

(1) $(-12)\div(+3)-5$

$=-4-\square$

$=$

(2) $16\div(-4)-3$

$=$

(3) $(-16)\div(-4)-3$

$=$

(4) $6\div(-3)-(-2)$

$=$

(5) $-15+(-8)\div(-2)$

$=$

(6) $12-(-18)\div(-6)$

$=$

(7) $-5-(-14)\div(-7)$

$=$

(8) $9-(-21)\div 7$

$=$

ポイント

●四則計算の順序(2)

除法と加法・減法の混じった式は，除法を先に計算する。

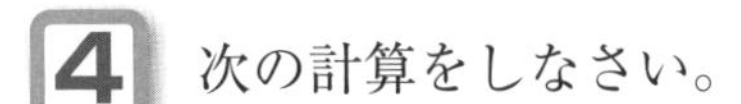

(1) $(-15)\div 3-(-24)\div 2$

$=$

(2) $(-24)\div 8-(-15)\div 5$

$=$

(3) $18\div(-3)+28\div(-4)$

$=$

(4) $18\div(-9)-32\div(-8)$

$=$

20 正の数・負の数の四則②

月　　日　　　　点　答えは別冊 9 ページ

1 次の計算をしなさい。 ……… 各5点

(1) $\left(-\frac{2}{3}\right)\times\left(-\frac{4}{9}\right)-\frac{7}{27}=\frac{\square}{27}-\frac{7}{27}=$

(2) $\left(-\frac{3}{4}\right)\times\frac{5}{6}-\frac{1}{2}=$

(3) $\left(-\frac{1}{2}\right)\times\left(-\frac{3}{5}\right)-1.3=$

(4) $-3+\left(-\frac{2}{3}\right)\times\left(-\frac{3}{10}\right)=$

(5) $-\frac{5}{6}-\left(-\frac{3}{10}\right)\times(-5)=$

(6) $\frac{5}{6}\times\left(-\frac{2}{3}\right)+\left(-\frac{1}{9}\right)\times(-2)=$

(7) $(-3)\times\frac{5}{12}-\frac{1}{3}\times\left(-\frac{1}{4}\right)=$

(8) $\frac{1}{2}\times\left(-\frac{1}{3}\right)-\frac{2}{3}\times\frac{5}{2}=$

(9) $\left(-\frac{24}{25}\right)\times\left(-\frac{5}{8}\right)+\frac{3}{2}\times\left(-\frac{1}{2}\right)=$

(10) $\frac{3}{5}\times\frac{10}{27}-\left(-\frac{5}{12}\right)\times\left(-\frac{24}{25}\right)=$

2 次の計算をしなさい。 各5点

(1) $\left(-\frac{1}{5}\right)\div\frac{4}{15}+\frac{1}{4}=-\frac{1}{5}\times\frac{15}{4}+\frac{1}{4}=-\frac{\square}{4}+\frac{1}{4}=$

(2) $\left(-\frac{5}{8}\right)\div\frac{3}{4}-\frac{5}{6}=$

(3) $-3.5\div\frac{7}{10}+2=$

(4) $-\frac{1}{3}-\left(-\frac{1}{2}\right)\div\left(-\frac{1}{3}\right)=$

(5) $\frac{2}{3}\div\left(-\frac{1}{2}\right)-\frac{1}{4}\div\left(-\frac{3}{8}\right)=$

(6) $(-2)\div\frac{5}{6}+\left(-\frac{3}{4}\right)\div\left(-\frac{5}{12}\right)=$

(7) $-\frac{2}{3}\div2+\frac{8}{9}\times\left(-\frac{1}{2}\right)=$

(8) $\frac{4}{7}\div\frac{3}{14}-\left(-\frac{1}{4}\right)\times\frac{8}{9}=$

(9) $\frac{1}{5}\times\frac{3}{4}-\left(-\frac{2}{7}\right)\div\left(-\frac{4}{21}\right)=$

(10) $\frac{4}{7}\div\left(-\frac{8}{21}\right)-\frac{5}{11}\times0.88=$

ポイント

●四則計算の順序(3)

乗法・除法と加法・減法の混じった式は，乗法・除法を先に計算する。

21 正の数・負の数の四則③

 月　日  点　答えは別冊10ページ

1 次の計算をしなさい。 各5点

(1) $-9+(15-11)\times3$

$=-9+\square\times3$

$=$

(2) $-8-(5-17)\div2$

$=$

(3) $(14-8)\div(-3-9)$

$=$

(4) $3\div(13-7)\times(-8)$

$=$

(5) $3\times\{-4-(16-5)\}$

$=$

(6) $\{16-(-2+6)\}\div(-4)$

$=$

ポイント

●**四則計算の順序(4)**

かっこのある式では，ふつう，かっこの中を先に計算する。

2 分配法則を用いて，次の計算をしなさい。 各5点

(1) $\left(\frac{1}{4}-\frac{1}{3}\right)\times(-12)$

$=\frac{1}{4}\times(-12)-\frac{1}{3}\times(\square)$

$=$

(2) $12\times\left(-\frac{1}{6}+1.5\right)$

$=$

Memo 覚えておこう

●**分配法則**

(○＋□)×△＝○×△＋□×△

△×(○＋□)＝△×○＋△×□

3 次の計算をしなさい。 各5点

(1) $(-3)\times5-(-2)^3$
$=$

(2) $6-(-3)^2\times(-2)$
$=$

(3) $3\times(-1)^2-3^3\div18$
$=$

(4) $\{4-(-4)\times(-2)^2\}\times(-5)$
$=$

ポイント

●四則計算の順序(5)

累乗(るいじょう) → かっこ → 乗除 → 加減　の順に行う。

4 次の計算をしなさい。 各8点

(1) $\frac{3}{4}\times\frac{1}{2}-\frac{3}{5}\div3-\frac{5}{8}=$

(2) $-0.7+1.8\times\frac{2}{3}-\frac{3}{4}\times\left(-\frac{2}{3}\right)=$

(3) $\left(-\frac{2}{3}\right)\times\frac{4}{5}-\left(-\frac{9}{16}\right)\times0\times12+\frac{1}{3}=$

(4) $\frac{5}{6}-\left(-\frac{1}{2}\right)^2\div\left(-\frac{3}{8}\right)+\left(-\frac{3}{5}\right)\times\left(-\frac{5}{12}\right)=$

(5) $\frac{7}{12}\times\left(-\frac{1}{8}\right)+\frac{7}{12}\times\left(-\frac{7}{8}\right)=$

素因数分解

 月　日  点 

答えは別冊11ページ

Memo 覚えておこう

- **1とその数の他に約数がない自然数を素数という。1は素数にふくめない。**
  （例）　7は，1と7以外に約数がないから，素数である。
  9は，1と9以外に3を約数にもつから，素数ではない。
- **自然数を素数だけの積として表すことを，素因数分解するという。**

1 例にならって，次の数を素因数分解しなさい。 

例

$$\begin{array}{r|l} 2 & 60 \\ \hline 2 & 30 \\ \hline 3 & 15 \\ \hline & 5 \end{array} \Rightarrow 60=2^2\times3\times5$$

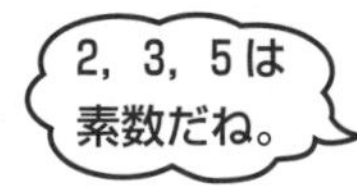

(1)　20＝

(2)　32＝

(3)　63＝

(4)　72＝

(5)　90＝

(6)　126＝

2 次の数を素因数分解しなさい。 各8点

(1) 150＝

(2) 420＝

3 次の数を素因数分解し，約数をすべて答えなさい。 各9点

(1) 10＝

約数［　　　　］

(2) 24＝

約数［　　　　］

4 次の問いに答えなさい。 各10点

(1) 45にできるだけ小さい自然数をかけて，その結果をある自然数の2乗にしたい。どんな数をかければよいか求めなさい。

〔考え方〕 $45=3^2\times5$

これをある自然数の2乗にするためには，45に□をかけて

$45\times\square=3^2\times5^2=(3\times5)^2$

とすればよい。

［　　　　］

(2) 96にできるだけ小さい自然数をかけて，その結果をある自然数の2乗にしたい。どんな数をかければよいか求めなさい。

［　　　　］

(3) 108をできるだけ小さい自然数でわって，その結果をある自然数の2乗にしたい。どんな数でわればよいか求めなさい。

［　　　　］

正の数・負の数のまとめ

 月　日  点　答えは別冊11ページ

1 次の計算をしなさい。 各3点

(1) $(-7)+(-14)=$

(2) $(-8)+21=$

(3) $4-(-16)=$

(4) $-18-15=$

(5) $-7.4-(-3.8)=$

(6) $-1.5-2.6=$

(7) $\frac{3}{4}+\left(-\frac{2}{3}\right)=$

(8) $-\frac{2}{9}-\frac{5}{6}=$

2 次の計算をしなさい。 各4点

(1) $(-6)\times12=$

(2) $(-9)\times(-14)=$

(3) $48\div(-6)=$

(4) $-0.7^2=$

(5) $-2.8\div(-0.4)=$

(6) $\frac{8}{9}\div\left(-\frac{2}{3}\right)=$

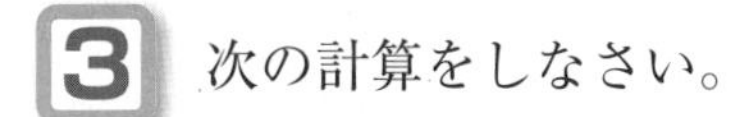

3 次の計算をしなさい。

各3点

(1) $3+7-12-4$

$=$

(2) $16-(-3)-11+(-2)$

$=$

(3) $-\frac{1}{5}+\frac{2}{3}-\frac{1}{2}$

$=$

(4) $-\frac{3}{4}+\left(-\frac{2}{3}\right)-\frac{5}{6}-\frac{1}{2}$

$=$

4 次の計算をしなさい。

各4点

(1) $(-12)\times(-2)\div(-8)$

$=$

(2) $(-4)^2\div(-2)^3\times(-6)$

$=$

(3) $4\times(-7)-(-3)\times6$

$=$

(4) $(-15)\div3+(-36)\div(-9)$

$=$

(5) $-11-(4-18)\div7$

$=$

(6) $\{-1+(2-5)\}\times(-1)-3\times2$

$=$

(7) $\left(-\frac{5}{9}\right)\times\frac{3}{4}+\left(-\frac{2}{5}\right)\div\left(-\frac{3}{10}\right)$

$=$

(8) $\frac{14}{15}\times\left(-\frac{5}{2}\right)\div\left(-\frac{7}{3}\right)-(-3)^2$

$=$

5

112にできるだけ小さい自然数をかけて，その結果をある自然数の 2 乗にしたい。どんな数をかければよいか求めなさい。 8点

[　　　　]

24 文字を使った式①

月　日　点　答えは別冊12ページ

1 例にならって，次の数量を表す式を文字を使って書きなさい。 ……各5点

例

500円持っていて x 円使ったときの残金　[$500-x$ (円)]

(1) 70ページの本を a ページ読んだときの残りの本のページ数

[　　　　(ページ)]

(2) 数学80点と国語 x 点の得点の合計

[　　　　(点)]

(3) 長さ10mのロープから x m切り取ったときの残りのロープの長さ

[　　　　(m)]

(4) 現在の年齢（ねんれい）が x 歳（さい）のわたしより5歳年上の兄の年齢

[　　　　(歳)]

例

y 円持っていて x 円使ったときの残金　[$y-x$ (円)]

(5) b ページの本を a ページ読んだときの残りの本のページ数

[　　　　(ページ)]

(6) 理科 m 点と社会 n 点の得点の合計

[　　　　(点)]

(7) 全部で y 脚（きゃく）あるいすのうち，人が座っているいすが x 脚のとき人が座っていないいすの脚数

[　　　　(脚)]

例

1個150円のケーキを n 個買ったときの代金　[$150\times n$ (円)]

(8) 1個120円のケーキを x 個買ったときの代金

[　　　　(円)]

(9)　1冊80円のノートを a 冊買ったときの代金

[　　　　　　　　(円)]

(10)　1個250gのかんづめ y 個分の重さ

[　　　　　　　　(g)]

(11)　50円硬貨(こうか)が n 枚あるときの金額の合計

[　　　　　　　　(円)]

例

1個150円のケーキ n 個を100円の箱に入れてもらったときの代金の合計

[　$150\times n+100$　(円)]

(12)　1個80gのみかん x 個を200gのケースに入れたときの重さの合計

[　　　　　　　　(g)]

(13)　1冊120円のノートを m 冊と200円のボールペンを1本買ったときの代金の合計

[　　　　　　　　(円)]

(14)　1個 a 円のお菓子(かし)を4個買って1000円払ったときのおつり

[　　　　　　　　(円)]

(15)　20本の鉛筆(えんぴつ)を6人に y 本ずつ配ったときに残る鉛筆の本数

[　　　　　　　　(本)]

(16)　1個 x 円のお菓子を3個と1本100円のジュースを2本買ったときの代金の合計

[　　　　　　　　(円)]

(17)　1個 x 円のお菓子を5個と1本 y 円のジュースを3本買ったときの代金の合計

[　　　　　　　　(円)]

(18)　500ページの本を1日20ページずつ n 日間読んだときの残りの本のページ数

[　　　　　　　　(ページ)]

(19)　100円硬貨が a 枚，50円硬貨が b 枚あるときの金額の合計

[　　　　　　　　(円)]

(20)　100円硬貨が x 枚，10円硬貨が y 枚，1円硬貨が z 枚あるときの金額の合計

[　　　　　　　　(円)]

25 文字を使った式②

1 文字式の積では，乗法の記号×をはぶく。例にならって，次の式を×をはぶいて，文字式の積の表し方にしたがって書きなさい。 ……… 各3点

例

・$b\times a=ab$ （文字は，ふつうアルファベット順に書く。）
・$a\times 2=2a$ （数字は，文字よりも前に書く。）

(1) $y\times x=$

(2) $a\times b\times c=$

(3) $y\times 9=$

(4) $b\times 4\times a=$

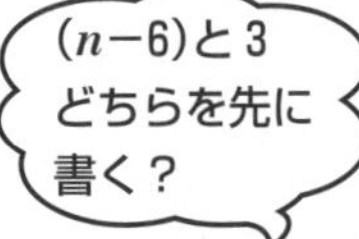

(5) $a\times 5+b\times 2=$

(6) $(n-6)\times 3=$

ポイント

●積の表し方(1)

① $1\times a$ は，$1a$ とは書かずに，1 をはぶいて a と書く。
② $(-1)\times a$ は，$-1a$ とは書かずに $-a$ と書く。

2 次の式を，×をはぶいて，文字式の積の表し方にしたがって書きなさい。 ………

(1) $x\times 1=$

(2) $(-1)\times y=$

(3) $a\times(-3)+b=$

(4) $a\times(-1)+y\times 1=$

(5) $5-0.1\times x=$

(6) $m\times(-0.3)+0.1\times n=$

ポイント

●積の表し方(2)

同じ文字の積は，累乗(るいじょう)の指数を使って表す。

3 次の式を，文字式の表し方にしたがって書きなさい。

(1)〜(11) 各4点　(12)〜(15) 各5点

例

・$a\times a\times a=a^3$　　・$(-2)\times b\times b=-2b^2$

・$(a+b)\times(a+b)=(a+b)^2$

(1) $x\times x=$

(2) $y\times y\times y\times y\times y=$

(3) $3\times m\times m=$

(4) $(-4)\times a\times a\times a=$

(5) $(x+y)\times(x+y)=$

(6) $(a-2)\times(a-2)=$

(7) $(m+n)\times(m+n)\times(m+n)=$

例

・$a\times a\times b\times b\times b\times c=a^2b^3c$　　・$x\times(-2)\times y\times 3\times x=-6x^2y$

・$3\times x\times x-5\times y\times y\times y=3x^2-5y^3$

(8) $x\times x\times y\times y\times y=$

(9) $m\times n\times 4\times n=$

(10) $3\times a\times a\times 4\times b=$

(11) $x\times y\times(-5)\times y=$

(12) $a\times(-3)\times b\times b\times c\times c\times c=$

(13) $(-1)\times x\times y\times 5\times x\times z=$

(14) $2\times x\times x+7\times a\times b=$

(15) $x\times x\times(-3)-2\times y\times y\times z=$

26 文字を使った式③

 月 日  点  答えは別冊12ページ

1 例にならって，次の式を除法の記号÷を使わず，文字式の商の表し方にしたがって書きなさい。 各3点

例

・$a \div 2 = \dfrac{a}{2}$

・$(a+b) \div 2 = \dfrac{a+b}{2}$

注意 $\dfrac{a}{2}$は$\dfrac{1}{2}a$，$\dfrac{a+b}{2}$は$\dfrac{1}{2}(a+b)$としてもよい。

(1) $a \div 4 =$

(2) $3 \div x =$

(3) $x \div y =$

(4) $2a \div 5 =$

(5) $5m \div 2 =$

(6) $(-b) \div 3 =$

(7) $(-b) \div 4 =$

(8) $5x \div (-3) =$

(9) $-4y \div 9 =$

(10) $-10 \div c =$

(11) $(x+y) \div 6 =$

(12) $3 \div (a-b) =$

(13) $(a+b) \div (-4) =$

(14) $3(x-y) \div 5 =$

2 次の式を，文字式の表し方にしたがって書きなさい。

(1)～(6) 各3点 (7)～(16) 各4点

例

・$2\times x+y\div 5=2x+\dfrac{y}{5}$

・$(a+b)\div 3-(a-b)\times 4=\dfrac{a+b}{3}-4(a-b)$

(1) $4\times x+y\div 3=$

(2) $b\div 10-a\times 3=$

(3) $40\times x+100\times y=$

(4) $50-n\times 20=$

(5) $10\times a-5\div b=$

(6) $m\times m-a\div b=$

(7) $a\times a\times b\div 4=$

(8) $2\times a\times a\times b=$

(9) $3\div a-b\times b\times c=$

(10) $3\div x-5\div y=$

(11) $5\times(x+y)-z\div 2=$

(12) $(a-b)\div 5+c\times(-3)=$

(13) $(m-n)\times 5+(m+n)\div 5=$

(14) $(x+y)\div 4+3\times(x-y)=$

(15) $a\times b\times(-5)-(a-b)\div 2=$

(16) $(x-y)\div 6-9\div(y+z)=$

27 文字を使った式④

月　日　点　答えは別冊13ページ

1 次の数量を，文字式の表し方にしたがって，式に表しなさい。……各5点

例

1個150円のケーキを n 個買ったときの代金	[$150n$ (円)]
x kmの道のりを4時間かかって歩くときの速さ	[毎時 $\frac{x}{4}$ (km)]
1個 a 円のみかん5個と1個 b 円のなし10個の代金の合計	[$5a+10b$ (円)]

(1) 1辺が a cmの正三角形の周りの長さ

[　　　　(cm)]

(2) 12個の重さが y gの石けん1個の重さ

[　　　　(g)]

(3) 1本50円の鉛筆(えんぴつ)を m 本買ったときの代金

[　　　　(円)]

(4) 20kmの道のりを時速 a kmで行くときにかかる時間

[　　　　(時間)]

(5) 1個250gのかんづめ x 個を30gのかごにつめたときの重さの合計

[　　　　(g)]

(6) 1冊 x 円のノートを5冊買って，1000円札を1枚出したときのおつり

[　　　　(円)]

(7) 600ページの本を1日30ページずつ n 日間読んだときの残りの本のページ数

[　　　　(ページ)]

(8) 1個60円のお菓子(かし)を a 個と1本120円のジュースを b 本買ったときの代金の合計

[　　　　(円)]

(9) 100円硬貨(こうか)が a 枚，10円硬貨が b 枚，1円硬貨が c 枚あるときの金額の合計

[　　　　(円)]

2 次の数量を，文字式の表し方にしたがって，式に表しなさい。ただし，単位も書くこと。 各**5**点

(1) 縦20cm，横$x$cmの長方形の面積

[　　　　　　　　　　]

(2) 身長$a$cmのわたしより，25cm高い兄の身長

[　　　　　　　　　　]

(3) 1辺が$x$cmの正方形の面積

[　　　　　　　　　　]

(4) 縦$x$cm，横$y$cm，高さ$z$cmの直方体の体積

[　　　　　　　　　　]

(5) 底辺$a$cm，高さ$b$cmの三角形の面積

[　　　　　　　　　　]

(6) $a$kmの道のりを5時間かかって歩いたときの速さ

[　　　　　　　　　　]

(7) 数学の中間テストa点と期末テストb点の得点の平均点

[　　　　　　　　　　]

(8) 国語x点，数学y点，英語z点の得点の平均点

[　　　　　　　　　　]

(9) みかんをm人に6個ずつ分けていくと，8個余った。
このときのみかん全部の個数

[　　　　　　　　　　]

(10) $x$kmの道のりを時速$y$kmで2時間進んだときの残りの道のり

[　　　　　　　　　　]

(11) 8kmの道のりを行くのに，はじめの$a$kmは時速4kmで歩き，残りの道のりは時速5kmで歩いたときにかかった時間の合計

[　　　　　　　　　　]

28 文字を使った式⑤

月　日　点　答えは別冊13ページ

1 例にならって，次の数を例と同じような形に書き表しなさい。 …… 各4点

例

483＝100×4＋10×8＋3

(1) 745 ［　　　］

(2) 59 ［　　　］

(3) 2418 ［　　　］

(4) 十の位がx，一の位がyである2けたの正の整数

［　　　］

(5) 百の位がa，十の位がb，一の位がcである3けたの正の整数

［　　　］

2 次の数量を式で表しなさい。 …… 各3点

例

xとyの積からzをひいた数 ［ $xy-z$ ］

aとbの和を3倍した数に，cの半分をたした数 ［ $3(a+b)+\frac{c}{2}$ ］

(1) xの2倍とyの3倍の和

［　　　］

(2) xからyをひいた差の5倍

［　　　］

(3) xとyの和を3でわった数

［　　　］

(4) aの3倍からbの$\frac{1}{5}$をひいた数

［　　　］

(5) aからbの3倍をひいた数

［　　　］

(6) mを5でわった商がnのときの余り

［　　　］

3 次の数量を[　　]内の単位で表しなさい。 …… 各2点

(1)	3 m	[　　cm]	(2)	0.3m	[　　cm]
(3)	2.5m	[　　cm]	(4)	15m	[　　cm]
(5)	400 cm	[　　m]	(6)	1 cm	[　　m]
(7)	12 cm	[　　m]	(8)	1530 cm	[　　m]
(9)	5 kg	[　　g]	(10)	1.35kg	[　　g]
(11)	4300 g	[　　kg]	(12)	20 g	[　　kg]
(13)	3 時間	[　　分]	(14)	0.5時間	[　　分]
(15)	120分	[　　時間]	(16)	24分	[　　時間]

4 次の数量を[　　]内の単位で表しなさい。 …… 各3点

例

x m	[$100x$ cm]	y 時間	[$60y$ 分]
a cm	[$0.01a$ m]	b 分	[$\frac{b}{60}$ 時間]

(1)	a m	[　　cm]	(2)	x kg	[　　g]
(3)	m 時間	[　　分]	(4)	y L	[　　mL]
(5)	x cm	[　　m]	(6)	a 分	[　　時間]
(7)	m g	[　　kg]	(8)	x 秒	[　　分]
(9)	y mm	[　　cm]	(10)	b mL	[　　L]

29 文字を使った式⑥

月　日　点　答えは別冊14ページ

1 割合は小数で表すことができる。例にならって，次の割合を小数や整数で表しなさい。……各2点

例

3割［ 0.3 ］　x割［ $0.1x$ ］　3分（ぶ）［ 0.03 ］　3割5分［ 0.35 ］

(1) 2割［　　］　(2) 5割［　　］　(3) 9割［　　］

(4) 10割［　　］　(5) 12割［　　］　(6) a割［　　］

(7) 2分［　　］　(8) 5分［　　］　(9) 8分［　　］

(10) 3割2分［　　］　(11) 7割5分［　　］

2 次の数量を求めなさい。……各2点

例

x円の1割　〔解〕 $x \times 0.1 = 0.1x$（円）　［ $0.1x$ 円］

(1) 100gの3割［　　g］　(2) xgの2割［　　g］

(3) 200gの1割5分［　　g］　(4) ygの1割5分［　　g］

(5) x円の5分［　　円］　(6) $y$kmの2割5分［　　km］

3 次の百分率を小数や整数で表しなさい。……各3点

例

3％［ 0.03 ］

(1) 40％［　　］　(2) 35％［　　］

(3) 100％［　　］　(4) 120％［　　］　(5) 2.5％［　　］

4 次の数量を求めなさい。 各3点

例

300円の20%	〔解〕 $300\times0.2=60$(円)	[60 円]
x 円の15%	〔解〕 $x\times0.15=0.15x$(円)	[$0.15x$ 円]

(1) 100gの30% [g]　(2) x gの30% [g]

(3) 200mの25% [m]　(4) y mの12% [m]

(5) 1000円の８% [円]　(6) x 円の５% [円]

(7) a Lの95% [L]　(8) n 本の120% [本]

(9) y ページの12% [ページ]　(10) 200gの a % [g]

5 次の数量を表す式を書きなさい。 各3点

例

1000円から x 円の１割５分をひいた金額	[$1000-0.15x$ (円)]
a gの15%と b gの８%をたした重さ	[$0.15a+0.08b$ (g)]

(1) 200円に a 円の３割をたした金額 [(円)]

(2) x 円から x 円の２割をひいた金額(x 円の２割引) [(円)]

(3) a 円から a 円の15%をひいた金額(a 円の15%引) [(円)]

(4) m 個に m 個の５割の個数をたした数(m 個の５割増) [(個)]

(5) 10%の食塩水 a gにふくまれる食塩の重さ [(g)]

(6) 100gの x %と300gの y %をたした重さ [(g)]

(7) ８%の食塩水 x gと12%の食塩水 y gにふくまれる食塩の重さの合計

[(g)]

30 式の値①

答えは別冊14ページ

1 $a=3$ のとき，次の式の値を求めなさい。 ………… 各2点

例

$a=3$のときの式の値
- $a+2=3+2=5$
- $2a=2\times3=6$
- $2a+2=2\times3+2=8$

(1) $a+4=$

(2) $4+a=$

(3) $4a=$

(4) $-5a=$

(5) $2a+1=$

(6) $1+2a=$

(7) $4a-2=$

(8) $7-3a=$

2 $a=-3$ のとき，次の式の値を求めなさい。 ………… 各3点

(1) $a+4=$

(2) $4a=4\times(-3)=$

(3) $-5a=$

(4) $2a+3=$

(5) $5-2a=$

(6) $5a-6=$

ポイント

文字に負の数を代入するときは，(　)をつけてから代入する。

3 $x=-6$ のとき，次の式の値を求めなさい。 各4点

(1) $\frac{1}{3}x=$

(2) $\frac{2x}{3}=$

(3) $\frac{3}{4}x=$

(4) $-\frac{5}{8}x=$

4 $a=\frac{1}{2}$ のとき，次の式の値を求めなさい。 各4点

(1) $2a+3=2\times\frac{1}{2}+3=$

(2) $3+2a=$

(3) $3a=$

(4) $-4a=$

(5) $5a-2=$

(6) $\frac{1}{3}a=$

(7) $-\frac{2}{5}a=$

5 $x=-\frac{1}{3}$ のとき，次の式の値を求めなさい。 (1)～(3) 各4点 (4)～(5) 各5点

(1) $3x=$

(2) $-3x=$

(3) $2x+1=$

(4) $\frac{3}{4}x=$

(5) $-\frac{6}{7}x=$

31 式の値②

答えは別冊15ページ

1 $a=-2$ のとき，次の式の値を求めなさい。 各3点

(1) $a^2=(-2)^2=$

(2) $a^3=$

(3) $2a^2=2\times(-2)^2=$

(4) $5a^2=$

(5) $3a^2=$

(6) $-a^2=$

注意 a^2 と $-a^2$ の符号(ふごう)に気をつけよう。
$a=2$ のとき $a^2=2^2=4$，$-a^2=-2^2=-4$
（4：正，−4：負）

(7) $-2a^2=$

(8) $(-a)^2=$

2 $a=\frac{1}{2}$ のとき，次の式の値を求めなさい。 各4点

(1) $a^2=$

(2) $-a^2=$

(3) $(-a)^2=$

(4) $-(-a)^2=$

(5) $2a^2=$

(6) $-2a^2=$

3 $x=2$ のとき，次の式の値を求めなさい。 

(1) $\frac{1}{x}=$

(2) $\frac{2}{x}=$

(3) $-\frac{2}{x}=$

(4) $-\frac{6}{x}=$

4 $x=6$ のとき，次の式の値を求めなさい。 

(1) $\frac{x+3}{5}=\frac{6+3}{5}=$

(2) $\frac{2x-3}{18}=$

(3) $\frac{-2x+5}{3}=$

(4) $-\frac{3x-1}{4}=$

(5) $\frac{7}{6}x-4=$

(6) $\frac{3}{2}-\frac{2}{9}x=$

(7) $10\left(\frac{1}{2}-\frac{x}{5}\right)=$

(8) $-12\left(\frac{x}{4}-\frac{5}{6}\right)=$

32 式の値③

1 $a=3$, $b=2$ のとき，次の式の値を求めなさい。 各4点

例

$a=3$, $b=2$ のときの式の値

$2a+4b=2\times3+4\times2=14$

(1) $6a+4b=$

(2) $2a-4b=$

(3) $2(3a+2b)=$

(4) $-(2a-4b)=$

(5) $\dfrac{4a+6b}{4}=$

(6) $a+\dfrac{2}{3}b=$

2 $x=-3$, $y=2$ のとき，次の式の値を求めなさい。

(1) $6x+4y=$

(2) $2x-4y=$

(3) $2(3x-2y)=2\{3\times(\square)-2\times\square\}=$

(4) $-3(2x+3y)=-3\{\qquad\qquad\}=$

(5) $\dfrac{4x-y}{2}=$

(6) $-2x+\dfrac{y}{2}=$

3 $x=4$, $y=3$ のとき，次の式の値を求めなさい。 …… 各4点

例

$x=4$, $y=3$ のときの式の値

・$x^2+y^2=4^2+3^2$
$=16+9$
$=25$

・$3x-y^2=3\times4-3^2$
$=12-9$
$=3$

(1) $x^2-y^2=$

(2) $2x+3y^2=$

(3) $3x-2y^2=$

(4) $x^3+y^2=$

4 $x=-2$, $y=3$, $z=5$ のとき，次の式の値を求めなさい。 …… 各5点

(1) $3xy=$

(2) $2x-y^2=$

(3) $2x+3y-4z=$

(4) $6x-3y+7z=$

(5) $5x-(4y-6z)=$

(6) $5x-(4y+6z)=$

33 式の計算①

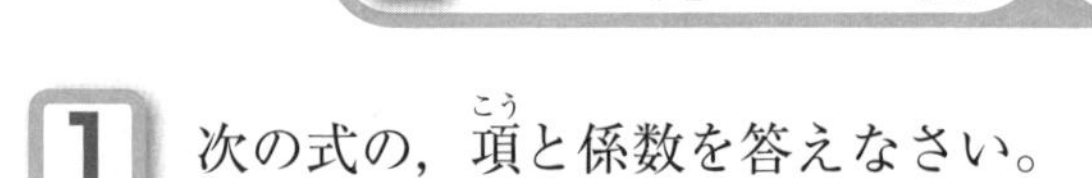

1 次の式の，項(こう)と係数を答えなさい。 [ ]各2点

(1) $3x+5y$

項[　　　]

係数[　　　]

(2) $x-\frac{1}{4}y$

項[　　　]

係数[　　　]

(3) $4a^2-a$

項[　　　]

係数[　　　]

Memo 覚えておこう

●項と係数

式 $2x+3y-4z+10$ は，$2x+3y+(-4z)+10$ のような加法の式になおすことができる。このとき，$2x$，$3y$，$-4z$，10を，この式の項という。項$2x$，$3y$，$-4z$で，数の部分 2，3，−4をそれぞれ x の係数，y の係数，z の係数という。

係数

$2x+3y+(-4z)+10$

項

2 次の計算をしなさい。 各4点

例

・$a+a+a=3a$

・$3x+2x=5x$

(1) $a+a+a+a=$

(2) $x+x+x+x+x=$

(3) $3a+2a=$

(4) $4m+2m=$

(5) $6a+a=$

(6) $7x+5x=$

ポイント

●計算法則(1) $mx+nx=(m+n)x$

3 次の計算をしなさい。 各5点

例
- $5x-4x=x$
- $5x-7x=-2x$

(1) $7a-2a=$

(2) $4m-3m=$

(3) $-4x+5x=$

(4) $3a-6a=$

(5) $a-2a=$

(6) $x-x=$

(7) $-5b-3b=$

(8) $-2x-5x=$

4 次の計算をしなさい。 各4点

例

$\frac{2}{7}a+\frac{3}{7}a=\frac{5}{7}a$

(1) $\frac{3}{5}x+\frac{1}{5}x=$

(2) $\frac{4}{5}x-\frac{2}{5}x=$

(3) $-\frac{1}{7}a+\frac{4}{7}a=$

(4) $-\frac{2}{9}a-\frac{5}{9}a=$

(5) $\frac{a}{3}-\frac{a}{4}=\frac{1}{3}a-\frac{1}{4}a$
$=$

(6) $\frac{x}{10}-\frac{x}{5}=$

34 式の計算②

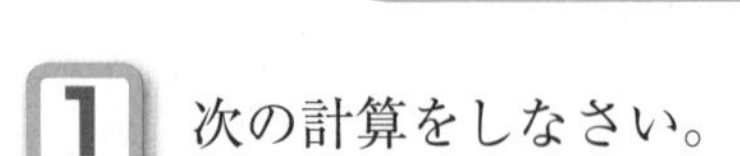
月　日　点　答えは別冊16ページ

1 次の計算をしなさい。　各4点

例

・$4x+7x-3x=8x$

・$4x-7x-3x=-6x$

(1) $3x+6x-5x=$

(2) $3x-6x-5x=$

(3) $8a-9a+4a=$

(4) $8a-9a-4a=$

(5) $5a-a+7a-8a=$

(6) $-7x+3x-4x-2x=$

2 次の計算をしなさい。　各5点

例

$$\frac{3}{4}x-\frac{2}{3}x+\frac{1}{2}x=\left(\frac{9}{12}-\frac{8}{12}+\frac{6}{12}\right)x=\frac{7}{12}x$$

(1) $\frac{3}{4}x-\frac{2}{3}x-\frac{1}{2}x=$

(2) $\frac{2}{3}a-\frac{5}{6}a+\frac{1}{2}a=$

(3) $\frac{1}{2}a-\frac{2}{3}a+\frac{3}{7}a=$

(4) $\frac{2}{9}x+\frac{3}{5}x-\frac{5}{6}x=$

3 次の計算をしなさい。ただし，文字の係数が帯分数になるときは，仮分数で答えること。 …… 各4点

例

$2a+\frac{1}{2}a=\frac{5}{2}a$

(1) $3a+\frac{a}{2}=$

(2) $5a-\frac{3}{2}a=$

(3) $x-\frac{1}{4}x=$

(4) $\frac{1}{2}x-2x=$

(5) $-\frac{5}{3}a+\frac{2}{3}a=$

(6) $\frac{x}{2}-\frac{7}{3}x=\frac{\square}{6}x-\frac{\square}{6}x$
$=$

(7) $5x-x+\frac{x}{5}=$

(8) $\frac{2}{3}x-\frac{3}{4}x+\frac{5}{6}x=$

4 次の計算をしなさい。 …… 各4点

例

・$3x+4+2=3x+6$
・$3x+4-2=3x+2$

(1) $3x-4+2=$

(2) $-3x-4-2=$

(3) $4+3x+2=3x+\square$

(4) $4-3x-2=$

(5) $5x+\frac{1}{3}-\frac{1}{2}=$

(6) $\frac{3}{4}x-\frac{1}{3}-\frac{1}{2}=$

35 式の計算③

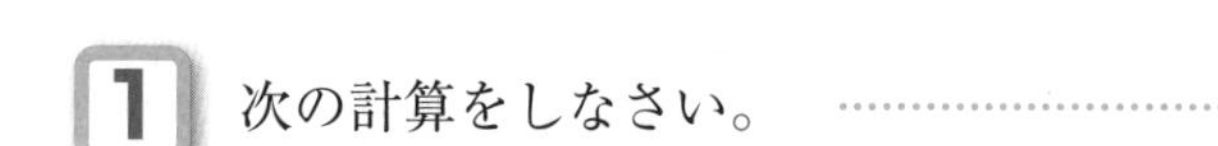

答えは別冊17ページ

1 次の計算をしなさい。 各4点

例

・ $5x+3x+4+1$
$=8x+5$

・ $5x-3x+4-1$
$=2x+3$

(1) $-5x+3x-4-1$
$=$

(2) $-5x-3x-4+1$
$=$

(3) $6x+5+4x-2$
$=6x+4x+5-2$
$=$

(4) $-6x-5+4x-2$
$=$

(5) $8x-4-3x+9$
$=$

(6) $-6-7x+3-5x$
$=$

2 次の計算をしなさい。 

(1) $-\frac{1}{2}x-4-\frac{1}{3}x-5$
$=$

(2) $\frac{x}{2}-3-\frac{3}{5}x+8$
$=$

(3) $-3+\frac{3}{4}x+3-\frac{6}{7}x$
$=$

(4) $-x+\frac{1}{4}+\frac{3}{7}x-\frac{5}{6}$
$=$

3 左辺と同じ値になるように，□の中に＋，－のどちらかの符号(ふごう)を入れなさい。

各4点

(1) $10-(5+2)=10-5$ □ 2

(2) $10-(5-2)=10-5$ □ 2

(3) $6x-(2x+3)=6x-2x$ □ 3

(4) $6x-(2x-3)=6x-2x$ □ 3

ポイント

●計算法則(2) $a+(b+c)=a+b+c$

$a-(b+c)=a-b-c$

4 次の計算をしなさい。

各4点

(1) $5x-(2x+4)=$

(2) $5x-(2x-4)=$

(3) $5x-(-2x+4)=$

(4) $5x-(-2x-4)=$

(5) $-3x-(4x+1)=$

(6) $-3x-(-4x+1)=$

(7) $7-(2x-5)=$

(8) $-7-(-2x+5)=$

(9) $6a-3-(-2a+3)=$

(10) $6a-3-(2a-3)=$

36 式の計算④

1 次の計算をしなさい。 各4点

例

- $(3a+2)+(6a-5)$
  $=3a+2+6a-5$
  $=9a-3$

- $(3a+2)-(6a-5)$
  $=3a+2-6a+5$
  $=-3a+7$

(1) $(5a+6)+(2a+4)$

$=$

(2) $(5a+6)-(2a+4)$

$=$

(3) $(5a+6)+(2a-4)$

$=$

(4) $(5a+6)-(2a-4)$

$=$

(5) $(-x-3)+(-2x+5)$

$=$

(6) $(-x-3)-(-2x+5)$

$=$

(7) $(y+6)-(-y+1)$

$=$

(8) $(3y-5)-(-4y-1)$

$=$

(9) $\left(\frac{1}{3}x-5\right)-\left(\frac{1}{4}x-3\right)$

$=$

(10) $\left(-\frac{1}{3}x-4\right)-\left(-\frac{1}{5}x+1\right)$

$=$

(11) $\left(\frac{1}{3}a-\frac{1}{4}\right)+\left(-\frac{2}{3}a-\frac{1}{2}\right)$

$=$

(12) $\left(\frac{1}{3}a+\frac{1}{6}\right)-\left(\frac{3}{4}a-\frac{1}{3}\right)$

$=$

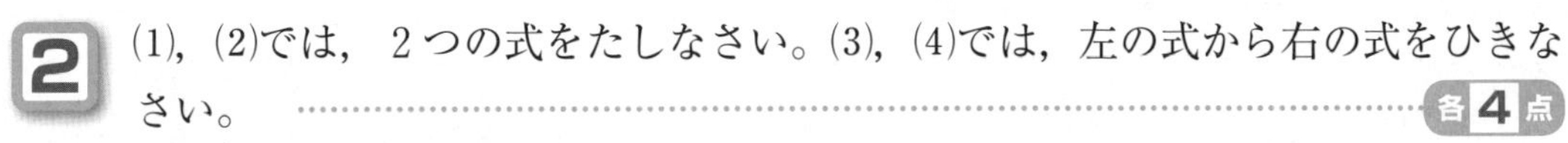

2 (1), (2)では，２つの式をたしなさい。(3), (4)では，左の式から右の式をひきなさい。 各4点

(1) $5x+9$,　$6x-1$

$(\qquad\qquad)+(\qquad\qquad)$

$=$

(2) $7x-5$,　$-7x+6$

(3) $-3a+4$,　$a-8$

$(\qquad\qquad)-(\qquad\qquad)$

$=$

(4) $2b-1$,　$6b-1$

3 次の計算をしなさい。 各6点

例

$$\begin{array}{r} 3x-4 \\ +\,)\ \underline{7x+6} \\ 10x+2 \end{array}$$

(1)

$$\begin{array}{r} 4x+3 \\ +\,)\ \underline{2x-5} \end{array}$$

(2)

$$\begin{array}{r} 3a-8 \\ +\,)\ \underline{-9a-4} \end{array}$$

(3)

$$\begin{array}{r} 6a+8 \\ -\,)\ \underline{2a-4} \\ \square+12 \end{array}$$

(4)

$$\begin{array}{r} 9x-3 \\ -\,)\ \underline{4x+1} \\ 5x-\square \end{array}$$

(5)

$$\begin{array}{r} 5x+9 \\ -\,)\ \underline{-6x+1} \end{array}$$

(6)

$$\begin{array}{r} 1.5x-0.4 \\ +\,)\ \underline{-0.9x+0.3} \end{array}$$

式の計算⑤

 月　日  点　答えは別冊17ページ

1 次の計算をしなさい。　各5点

例

・$5x \times 3 = 5 \times 3 \times x$
$= 15x$

・$6x \times \left(-\frac{1}{3}\right) = 6 \times \left(-\frac{1}{3}\right) \times x$
$= -2x$

(1)　$3x \times 8 =$

(2)　$4x \times (-6) =$

(3)　$-5 \times 7x =$

(4)　$9x \times \left(-\frac{2}{3}\right) =$

2 次の計算をしなさい。　各5点

例

・$6x \div 2 = \frac{6x}{2} = 3x$

・$8x \div \left(-\frac{2}{3}\right) = 8x \times \left(-\frac{3}{2}\right) = -12x$

(1)　$15x \div (-3) =$

(2)　$-18x \div (-9) =$

(3)　$6a \div \left(-\frac{3}{2}\right) =$

(4)　$(-12a) \div \left(-\frac{3}{4}\right) =$

3 次の計算をしなさい。 ……… 各6点

例

・$3(2x+5)=3\times 2x+3\times 5=6x+15$

・$-3(2x-5)=(-3)\times 2x+(-3)\times(-5)$
$=-6x+15$

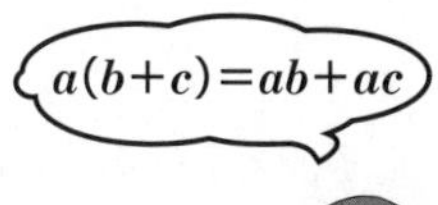

(1) $7(5x+2)=$

(2) $6(3x-8)=$

(3) $-2(a+9)=$

(4) $-4(-2a+7)=$

(5) $\frac{2}{3}(x-9)=$

(6) $\left(\frac{3}{4}x-\frac{1}{3}\right)\times 12=$

4 次の計算をしなさい。 ……… 各6点

例

・$(15x+20)\div 5=\frac{15x}{5}+\frac{20}{5}$
$=3x+4$

・$(12x-18)\div\frac{3}{4}=(12x-18)\times\frac{4}{3}$
$=16x-24$

(1) $(14x-21)\div 7$
$=$

(2) $(16x-8)\div(-4)$
$=$

(3) $(8a-24)\div\frac{4}{3}$
$=$

(4) $(-18a+12)\div\left(-\frac{6}{5}\right)$
$=$

式の計算⑥

 月 日  点 

答えは別冊18ページ

1 次の計算をしなさい。 各5点

(1) $\frac{2}{3}\left(-\frac{2}{3}x-\frac{3}{2}\right)$

$=$

(2) $-\frac{3}{4}\left(\frac{2}{5}a-\frac{8}{9}\right)$

$=$

(3) $\left(-\frac{1}{2}a+\frac{1}{4}\right)\div\frac{3}{2}$

$=$

(4) $\left(\frac{5}{6}x-\frac{3}{8}\right)\div\left(-\frac{3}{4}\right)$

$=$

2 次の計算をしなさい。 

例

$$\frac{2x-1}{3}\times 6=\frac{(2x-1)\times \overset{2}{\cancel{6}}}{\underset{1}{\cancel{3}}}$$

$=(2x-1)\times 2$

$=4x-2$

(1) $\frac{3x-5}{4}\times 8=$

(2) $18\times\frac{5x-7}{6}=$

3 次の計算をしなさい。 各5点

例

・$x+2(2x-3)=x+4x-6$
$=5x-6$

・$x-2(2x-3)=x-4x+6$
$=-3x+6$

(1) $2x+3(x-5)=$

(2) $2x-3(x-5)=$

(3) $3a-2(4a+6)=$

(4) $4a-3(2-a)=$

4 次の計算をしなさい。 各6点

例

・$(4x-3)+2(x-5)$
$=4x-3+2x-10$
$=6x-13$

・$2(x+3)-3(x-4)$
$=2x+6-3x+12$
$=-x+18$

(1) $(3x-1)+2(x+5)$
$=$

(2) $3(2x-5)+(x+2)$
$=$

(3) $5(x-5)+3(x-3)$
$=$

(4) $3(2x-5)+2(-x+1)$
$=$

(5) $5(x+3)-3(x-5)$
$=$

(6) $2(3x+1)-3(2x+3)$
$=$

(7) $-4(3x+2)+2(6x+4)$
$=$

(8) $-4(3x-2)-2(6x-4)$
$=$

39 式の計算⑦

答えは別冊18ページ

1 次の計算をしなさい。 各5点

(1) $2(x+3)+3(2x+4)+4(3x-5)=$

(2) $2(x-3)+3(2x-4)-4(3x+5)=$

2 次の計算をしなさい。 各6点

(1) $15\left(\frac{2}{3}x-2\right)+30$

$=$

(2) $12\left(\frac{x}{2}+1\right)+12\left(\frac{x}{3}-1\right)$

$=$

(3) $18\left(\frac{2}{9}x+\frac{1}{3}\right)-12\left(\frac{5}{6}x-\frac{1}{4}\right)$

$=$

(4) $\frac{1}{5}(10x-5)+\frac{1}{3}(15x-6)$

$=$

(5) $\frac{1}{4}(12x-16)-\frac{1}{8}(16x-64)$

$=$

(6) $\frac{1}{3}(2x+1)+\frac{1}{4}(x-2)$

$=$

3 次の計算をしなさい。

(1) $\dfrac{4x-5}{3}+\dfrac{2x-3}{3}=\dfrac{(4x-5)+(2x-3)}{3}=\dfrac{\square}{3}$

(2) $\dfrac{3a-4}{5}+\dfrac{2a-3}{5}=$

(3) $\dfrac{3x+1}{2}+\dfrac{x-5}{3}=\dfrac{3(3x+1)}{6}+\dfrac{2(x-5)}{6}=\dfrac{9x+3+\square}{6}=\dfrac{\square}{6}$

(4) $\dfrac{2x-5}{4}+\dfrac{x+2}{6}=$

(5) $\dfrac{5x-3}{3}+\dfrac{3x-8}{4}=$

4 次の計算をしなさい。

(1) $\dfrac{x+3}{3}-\dfrac{x+2}{5}=\dfrac{5(x+3)-3(x+2)}{15}=$

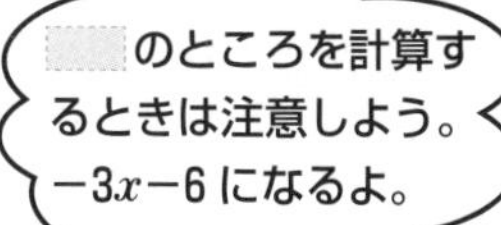

(2) $\dfrac{x+3}{3}-\dfrac{x-5}{5}=$

(3) $\dfrac{3x+1}{6}-\dfrac{2x+3}{4}=$

40 関係を表す式①

月　日　点　答えは別冊19ページ

1 次の数量の関係を等式で表しなさい。 各8点

例

x 円の品物を買って，1000円を出したときのおつりが y 円である。

[$1000-x=y$]

(1) a 円の品物を買って，500円を出したときのおつりが b 円である。

[　　　　]

(2) 弟の身長 x cmは，兄の身長 y cmよりも 3 cmだけ低い。

[　　　　]

(3) a mの針金から 5 mの針金を 4 本切り取ると，残りの長さが b mとなる。

[　　　　]

Memo 覚えておこう

●等式
等号＝を使って，2 つの数量が等しいことを表した式。

$\underbrace{\underbrace{1000-x}_{\text{左辺}}=\underbrace{y}_{\text{右辺}}}_{\text{両辺}}$

2 次の数量の関係を等式で表しなさい。 各8点

(1) 1 kgの値段が x 円の砂糖を 5 kg買ったときの代金は y 円である。

[　　　　]

(2) 時速 a kmで 3 時間歩いたとき，進んだ道のりは b kmである。

[　　　　]

3 次の数量の関係を等式で表しなさい。 各8点

例

y 本の鉛筆(えんぴつ)を1人に4本ずつ x 人に配ると，2本余る。

[$y=4x+2$]

(1) b 枚の画用紙を1人に3枚ずつ a 人に配ると，2枚たりない。

[ ]

(2) y kmの道のりを，時速4kmで x 時間歩いたら，残りの道のりは1kmであった。

[ ]

(3) 正の整数 a を6でわると，商は b で余りは5である。

[ ]

4 次の数量の関係を等式で表しなさい。 各9点

例

a mのロープから b cm切り取ると，残りの長さが c cmになった。(単位はcm)

[$100a-b=c$]

(1) x kgの粘土(ねんど)のうち y gを使ったら，残りの重さが z gになった。(単位はg)

[ ]

(2) 1個 m kgの品物10個を，重さが n gの箱につめたところ，全体の重さが p kgになった。(単位はg)

[ ]

(3) 時速 a kmで45分間歩いたら，進んだ道のりは y kmであった。(単位は時間とkm)

[ ]

(4) p L入りのジュースのうち q mLを飲んだら，残りの量が r mLになった。(単位はmL)

[ ]

41 関係を表す式②

月　日　　点　答えは別冊19ページ

ポイント

●不等号　>, ≧, <, ≦

・x が 2 より大きい

➡ $x>2$

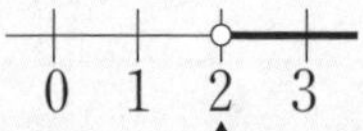

↑
2をふくまない

・x が 2 より小さい
(x が 2 未満)

➡ $x<2$

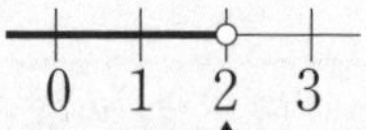

↑
2をふくまない

・x が 2 以上

➡ $x \geqq 2$

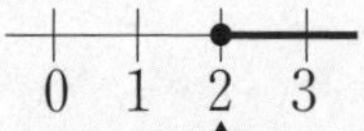

↑
2をふくむ

・x が 2 以下

➡ $x \leqq 2$

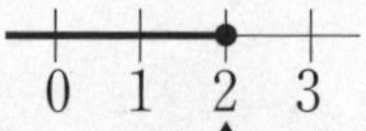

↑
2をふくむ

1 x の範囲(はんい)が次のようなとき，不等号を使って表しなさい。　各5点

(1) x が5より大きい　[　　　]

(2) x が−3より大きい　[　　　]

(3) x が5より小さい　[　　　]

(4) x が6以上　[　　　]

(5) x が−3以下　[　　　]

(6) x が6未満　[　　　]

2 次の数量の関係を不等式で表しなさい。　各5点

例

x の3倍は20より小さい　[$3x<20$]

(1) x の5倍は10より大きい　[$5x$ □ 10]

(2) a の2倍は10より小さい　[　　　]

(3) b の3倍は10以上　[　　　]

(4) y の5倍は20以下　[　　　]

3 次の数量の関係を不等式で表しなさい。 各4点

(1) xから4をひいた数は，xの3倍より大きい

[ ]

(2) xに9をたした数は，xの4倍より小さい

[ ]

(3) aの2倍に6をたした数は，10以上

[ ]

(4) bの4倍から2をひいた数は,10未満

[ ]

(5) yの5倍から10をひいた数は，y以下

[ ]

4 次の数量の関係を不等式で表しなさい。 各6点

例

5人が1人x円ずつ出すと，金額の合計が1000円より多い。 [$5x>1000$]

(1) 1本80円の鉛筆(えんぴつ)をx本買うと，代金は1000円より高い。

[ ]

(2) 縦a cm，横5 cmの長方形の面積は20 cm^2より小さい。

[ ]

(3) $x$kmの道のりを，時速5 kmで歩くと，2時間以上かかる。

[ ]

(4) 1個3 kgの品物a個をb kgの箱に入れたとき，重さの合計が14kg以下になる。

[ ]

(5) ある動物園の入園料が，おとな1人x円，子ども1人y円のとき，おとな2人と子ども3人分の入園料を払うと，2000円でおつりがもらえる。

[ ]

文字式のまとめ

 月 日  点 答えは別冊20ページ

1 次の数量を，文字式の表し方にしたがって，式に表しなさい。 …… 各6点

(1) 1冊120円のノートを a 冊と150円のボールペンを1本買ったときの代金の合計

[(円)]

(2) 1個 x 円のりんごがどれも1割引きで売られていた。このりんごを5個買って，1000円を出したときのおつり

[(円)]

(3) 10kmの道のりを行くのに，はじめの x kmは時速5kmで歩き，残りの道のりは時速6kmで歩いたときにかかった時間の合計

[(時間)]

2 $x=2$，$y=-3$ のとき，次の式の値を求めなさい。 …… 各5点

(1) $6x-2y=$

(2) $-2(3x+y)=$

(3) $\dfrac{3x-2y}{4}=$

(4) $\dfrac{1}{x}+\dfrac{1}{y}=$

(5) $x^2-y^2=$

(6) $2x^2+4y=$

3 次の計算をしなさい。

(1) $3a+5-4a=$

(2) $0.4x-1.5-1.2x+1$

$=$

(3) $-\frac{2}{5}x-\frac{1}{2}+\frac{1}{3}x$

$=$

(4) $4(3x-5)=$

(5) $(-28x+14)\div(-7)$

$=$

(6) $9a-5-(7a-2)$

$=$

(7) $2(a-3)-(4a-5)$

$=$

(8) $-3(2x+1)+4(3x-2)$

$=$

(9) $\frac{1}{6}(3x+2)-\frac{3}{4}(x-2)$

$=$

(10) $\frac{2x-5}{4}-\frac{x+1}{3}=$

4 次の数量の関係を等式または不等式で表しなさい。

(1) 1 辺の長さが a cmの正三角形と 1 辺の長さが b cmの正方形の周の長さの合計は30cmである。

[　　　　　　　　]

(2) x 枚の折り紙を 1 人に 5 枚ずつ y 人に配ると，10枚以上余る。

[　　　　　　　　]

43 方程式①

答えは別冊21ページ

1 次の数量の関係を等式で表しなさい。 …… 各7点

(1)　x円のノートを5冊と80円の消しゴムを1個買ったとき，代金の合計はy円であった。

[　　　　　　　　]

(2)　5人がa円ずつ出して，b円の品物を買ったとき，おつりはc円であった。

[　　　　　　　　]

(3)　兄はx円，弟はy円持っている。今，兄が弟に100円渡（わた）すと，2人の所持金は等しくなった。

[　　　　　　　　]

(4)　a mのテープから30 cmのテープをb本切り取ると，残りの長さがc cmになった。(単位はcm)

[　　　　　　　　]

2 次の公式を，文字式で表しなさい。 …… [ ] 各6点

例

底辺がx cm，高さがy cmの三角形の面積S cm^{2}を求める公式

〔解〕 (三角形の面積)＝(底辺)×(高さ)÷2　　[　$S=\frac{1}{2}xy$　]

(1)　半径がr cmの円の周の長さℓ cmと面積S cm^{2}を求める公式(円周率はπとする。)

周の長さ [　　　　　　　　]

面　　積 [　　　　　　　　]

(2)　上底がa cm，下底がb cm，高さがh cmの台形の面積S cm^{2}を求める公式

[　　　　　　　　]

ヒント (台形の面積)＝{(上底)＋(下底)}×(高さ)÷2

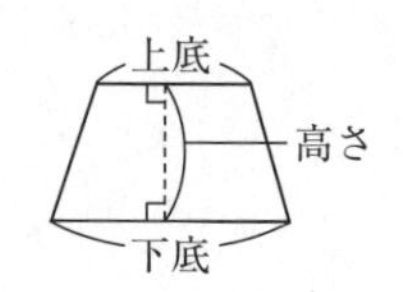

3 ある整数 x を5倍した数は，もとの整数を3倍して6を加えた数に等しいという。このことについて，次の問いに答えなさい。 …(1) **8**点 (2)表の空らん1つ **2**点

(1) 数量の関係を等式で表しなさい。

[$5x=3x+6$]

(2) (1)でつくった等式の x に，1，2，3，4，5を代入して，この等式が成り立つときは○，成り立たないときは×をつけて調べた。下の表の空らんをうめなさい。

x の値	左　辺	右　辺	等　式
1	$5\times1=5$	$3\times1+6=9$	×
2	$5\times2=10$		
3			
4			
5			

4 -2，-1，0，1，2のうち，次の等式を成り立たせるものを答えなさい。 …各 **7**点

(1) $4x=x+3$

(2) $5x-1=-2x-8$

[　　　　] [　　　　]

5 次の方程式のうち，$x=4$ が解であるものをすべて選び，記号で答えなさい。 …**10**点

(ア) $x-5=1$

(イ) $3x-5=7$

(ウ) $x+3=3x-5$

(エ) $-2x=5-3x$

[　　　　]

Memo 覚えておこう

●方程式の解

式のなかの文字に特別な値を代入すると成り立つ等式を方程式といい，その特別な値を，方程式の解という。

44 方程式②

 月　日  点　答えは別冊21ページ

1 次の方程式を，等式の性質を使って解きなさい。……各6点

例

$x-2=5$

〔解〕 $x-2$ と 5 が等しいから

$x-2+2$ と $5+2$ も等しい。

$x-2+2=5+2$

$x=7$

(1) $x+5=3$

〔解〕 $x+5-5=3-$ □

$x=$ □

(2) $x-5=3$

(3) $x+6=3$

(4) $x-6=9$

(5) $x+2=-1$

(6) $x-3=-1$

(7) $5+x=7$

〔解〕 $5-5+x=7-$ □

$x=$ □

(8) $-8+x=3$

(9) $10+x=4$

(10) $-4+x=-2$

2 次の方程式を，等式の性質を使って解きなさい。

例

$2x=-6$

〔解〕 $2x$ と -6 が等しいから

$\dfrac{2x}{2}$ と $\dfrac{-6}{2}$ も等しい。

$$\frac{2x}{2}=\frac{-6}{2}$$

$$x=-3$$

(1) $2x=8$

〔解〕 $\dfrac{2x}{2}=\dfrac{8}{2}$

$x=$ □

(2) $6x=-3$

(3) $-9x=15$

(4) $5x=0$

(5) $\dfrac{1}{2}x=3$

〔解〕 $\dfrac{1}{2}x\times2=3\times$ □

$x=$ □

(6) $\dfrac{x}{3}=-2$

(7) $-\dfrac{x}{5}=1$

(8) $-\dfrac{x}{4}=-8$

方程式③

 月　日  点　答えは別冊21ページ

1 次の方程式を，等式の性質を使って解きなさい。 各4点

(1) $x-12=-15$

(2) $x+1.2=-0.4$

(3) $x-\frac{1}{3}=\frac{1}{3}$

(4) $x+2.4=0$

(5) $3x=5$

(6) $-6x=-9$

(7) $\frac{x}{3}=8$

(8) $-\frac{1}{2}x=-\frac{1}{3}$

(9) $\frac{3}{4}x=-\frac{9}{2}$

(10) $-\frac{2}{3}x=\frac{4}{5}$

2 次の方程式を，等式の性質を使って解きなさい。 …………… 各5点

(1) $2x-5=3$

〔解〕 $2x-5+5=3+5$

$2x=8$

$x=$ □

(2) $4x+6=-6$

(3) $3x-4=-10$

(4) $2x+3=9$

(5) $5x=6+2x$

〔解〕 $5x-2x=6+2x-$ □

$3x=$ □

$x=$ □

(6) $7x=9+4x$

(7) $2x=5-3x$

(8) $3x=-x-12$

3 次の方程式を，等式の性質を使って解きなさい。 ……………

(1) $\frac{x}{4}+5=7$

(2) $\frac{x}{4}-5=-7$

(3) $\frac{2}{3}x+\frac{1}{2}=1$

(4) $-\frac{2}{3}x+\frac{1}{2}=-1$

1次方程式の解き方①

 月　日  点　答えは別冊22ページ

1 次の方程式を解きなさい。 ……… 各6点

ポイント

●移項

方程式 $5x\boxed{+1}=\textcircled{2x}+7$ …①を等式の性質を使って変形すると

$5x\textcircled{-2x}=7\boxed{-1}$ …②

①，②を比べると，等式の一方の辺にある項を，符号を変えて他方の辺に移していることになる。このようにすることを移項という。

例

$5x+1=2x+7$

〔解〕 $2x$ を左辺に，1 を右辺に移項して

$5x-2x=7-1$ （※移項するとき，符号が変わることに注意する。）

$3x=6$

$x=2$

(1) $5x-1=2x-7$

〔解〕 $5x-2x=-7+\square$

(2) $4x-1=2x+7$

(3) $-5x-1=3x+7$

(4) $-4x-1=-2x+7$

(5) $2x+8=-7x-1$

(6) $2x+8=-x+2$

2 次の方程式を解きなさい。

(1) $8x+7=5x-1$

(2) $5x+14=-3x+2$

(3) $-2x+8=7x+2$

(4) $5x-6=-7x+3$

3 次の方程式を解きなさい。

(1) $3x+12-5x=0$

〔解〕 $3x-5x=\square$

(2) $3x+7x-5=0$

(3) $5-3x+7x+3=0$

(4) $5+3x-7x-3=0$

4 次の方程式を解きなさい。

(1) $-3x+8-2x=6x-3$

〔解〕 $-3x-2x-6x=-3-\square$

(2) $3x+8-2x=-9x+3$

(3) $2x+7x-7=6x-9$

(4) $-2x+7x+7=6x-9$

1次方程式の解き方②

 月　日  点　答えは別冊23ページ

1 次の方程式を解きなさい。　各7点

例

$\frac{1}{2}x+3=\frac{1}{3}x+2$

〔解〕 $\frac{1}{2}x-\frac{1}{3}x=2-3$　（3, $\frac{1}{3}x$ を移項する）

$\frac{1}{6}x=-1$　（両辺を計算する）

$x=-6$　（両辺に6をかける）

(1) $\frac{1}{2}x-3=\frac{1}{3}x-2$

(2) $\frac{4}{3}x-5=-\frac{5}{3}x+4$

(3) $\frac{1}{3}x-10=\frac{2}{3}x+5$

(4) $\frac{1}{2}x+3=\frac{1}{4}x+5$

(5) $\frac{1}{3}x-2=-\frac{3}{5}x-9$

(6) $\frac{1}{5}x+3=-\frac{1}{4}x+3$

2 次の方程式を解きなさい。

(1) $\frac{1}{2}x+\frac{1}{8}=\frac{1}{3}x+\frac{1}{4}$

〔解〕 $\frac{1}{2}x-\frac{1}{3}x=\frac{1}{4}-\square$

(2) $\frac{1}{2}x-\frac{1}{8}=-\frac{1}{3}x+\frac{1}{4}$

(3) $\frac{1}{2}x-\frac{1}{3}=\frac{1}{4}x-\frac{1}{5}$

(4) $\frac{2}{3}x-\frac{1}{4}=-\frac{1}{5}x+\frac{1}{9}$

(5) $2x-\frac{1}{6}=\frac{4}{3}x-\frac{1}{2}$

(6) $1-\frac{9}{2}x=2x+\frac{5}{2}$

3 次の方程式を解きなさい。

例

・$3.2x-0.6=1.8$

〔解〕 $3.2x=1.8+0.6$

$3.2x=2.4$

$x=\frac{3}{4}$

・$2.5x-1.4=-1.5x+0.6$

〔解〕 $2.5x+1.5x=0.6+1.4$

$4x=2$

$x=\frac{1}{2}$

(1) $1.8x+0.5=-0.4$

(2) $1.3x+2.6=-1.7x-2.4$

1次方程式の解き方③

月　日

点　答えは別冊23ページ

1 次の方程式を解きなさい。 各5点

(1) $2(x+4)=10$

〔解〕 $2x+8=10$

(2) $3(2x-5)=-1$

(3) $3(3x-4)=-6$

(4) $-4(x+1)=6$

(5) $-5(2-x)=10$

(6) $4(x-3)=-3(2x-1)$

〔解〕 $4x-12=-6x\square 3$

(7) $5(x-6)=4(x+3)$

(8) $-2(x+5)=3(x-5)$

(9) $-4(3x+5)=5(-2x-3)$

(10) $-(x-2)=3(2x+3)$

2 次の方程式を解きなさい。

(1) $3x-(x-5)=9$

(2) $3x+2(5x-3)=20$

(3) $3x-2(x+5)=-7$

(4) $7-(4x-5)=18$

(5) $2(3x-4)=3x-14$

(6) $3x-(4-2x)=x+8$

3 次の方程式を解きなさい。

(1) $-(5x-8)=3(x-2)-10$

(2) $3x-7(x-1)=-3(2x+3)$

(3) $3(2-x)-4(x-2)=3$

(4) $3x-2(4x+5)=3(-5x-10)$

1次方程式の解き方④

月　日　　点　答えは別冊24ページ

1 次の方程式を解きなさい。　各7点

例

$\frac{1}{3}x+\frac{1}{6}=\frac{1}{12}x-\frac{1}{2}$

両辺に12をかける

〔解〕 $\left(\frac{1}{3}x+\frac{1}{6}\right)\times 12=\left(\frac{1}{12}x-\frac{1}{2}\right)\times 12$

両辺を計算する

$4x+2=x-6$

移項(いこう)して整理する

$3x=-8$

両辺を3でわる

$x=-\frac{8}{3}$

(1) $\frac{1}{3}x-\frac{1}{6}=\frac{1}{12}x+\frac{1}{4}$

(2) $\frac{1}{3}x-\frac{5}{6}=\frac{1}{12}x+\frac{3}{4}$

(3) $\frac{5}{8}x-\frac{1}{6}=\frac{3}{4}x-\frac{1}{2}$

(4) $\frac{3}{4}x-2=\frac{1}{3}+\frac{x}{6}$

ポイント

●係数に分数をふくむ1次方程式の解き方

方程式の両辺に，分母の公倍数(最小公倍数)をかけて，分数をふくまない方程式になおしてから解く。

このようにすることを，分母をはらうという。

2 次の方程式を解きなさい。 各9点

(1) $2-\frac{x}{5}=9+\frac{x}{2}$

(2) $1-\frac{x}{2}=\frac{1}{3}-\frac{2}{5}x$

(3) $\frac{1}{2}x-\frac{2}{3}x=4$

(4) $\frac{1}{6}x-\frac{2}{3}x=1$

(5) $-\frac{1}{2}x+3=\frac{1}{3}x-2$

(6) $5+\frac{x}{5}=-2-\frac{x}{2}$

(7) $\frac{9}{4}x-\frac{1}{3}=\frac{5}{2}x+\frac{5}{6}$

(8) $-\frac{1}{2}x+\frac{1}{8}=-\frac{1}{3}x-\frac{1}{4}$

1次方程式の解き方⑤

 月　日  点　答えは別冊25ページ

1 次の方程式を解きなさい。　各6点

(1) $\dfrac{2x+1}{3}=\dfrac{4x-7}{5}$

〔解〕 両辺に15をかけると

$$\frac{2x+1}{3}\times15=\frac{4x-7}{5}\times15$$

$$5(2x+1)=\square(4x-7)$$

(2) $\dfrac{3x-1}{4}=\dfrac{5x+3}{6}$

(3) $\dfrac{x-6}{3}=\dfrac{2x-9}{4}$

(4) $\dfrac{x-1}{2}=\dfrac{3x-5}{8}$

〔解〕 両辺に8をかけると

(5) $\dfrac{5x+1}{3}=\dfrac{6x-3}{5}$

(6) $\dfrac{6x-1}{2}=\dfrac{5+4x}{7}$

2 次の方程式を解きなさい。

(1) $\frac{4}{3}x+\frac{x+1}{2}=\frac{7}{3}$

〔解〕 両辺に6をかけると

$8x+3(x+1)=14$

(2) $\frac{x}{4}+\frac{x-5}{5}=\frac{4}{5}$

(3) $\frac{x}{3}+\frac{2x-1}{5}=2$

(4) $\frac{x}{2}+\frac{4x-10}{5}=\frac{7}{10}x$

3 次の方程式を解きなさい。

(1) $\frac{4x-5}{2}+\frac{x+2}{3}=4$

〔解〕 両辺に6をかけると

$3(4x-5)+2(x+2)=\square$

(2) $\frac{2x-3}{4}+\frac{2x-5}{6}=\frac{1}{2}$

(3) $\frac{x+4}{3}=\frac{3x-5}{2}-\frac{1}{4}$

(4) $\frac{x-1}{2}+\frac{x-2}{7}=x-4$

1次方程式の解き方⑥

 月 日   点 答えは別冊25ページ

1 次の方程式を解きなさい。 各5点

(1) $0.4x+0.8=x+1.6$

〔解〕 両辺に10をかけると

$4x+8=10x+16$

(2) $0.4x-0.9=0.3x-1.5$

(3) $0.1x-1.7=-0.7-0.3x$

(4) $1.5x-2.4=7.6-3.5x$

(5) $2.3x-1.5=6-0.2x$

(6) $0.5x-0.3=4.2$

(7) $0.8x-3=0.5x$

(8) $0.6x-0.2=1.2x$

ポイント

●係数に小数をふくむ1次方程式の解き方

方程式の両辺に，10，100，1000などをかけて，小数をふくまない方程式になおしてから解く。

2 次の方程式を解きなさい。

(1) $0.02x+1.3=0.16x-2.9$

〔解〕 両辺に100をかけると

$2x+130=16x-\square$

(2) $0.8x+1.35=1.6x-0.25$

(3) $0.09x-0.43=-0.3x-0.04$

(4) $0.09x-0.7=0.8+0.06x$

(5) $0.05x+0.1=0.25$

(6) $0.06x-0.2=0.02x$

3 次の方程式を解きなさい。

各6点

(1) $0.2(x-3)=0.4$

〔解〕 $2(x-3)=4$

(2) $0.3(x-2)=0.9$

(3) $0.1x=0.4(x-2)-0.2$

(4) $0.8-0.03(x-5)=1$

1次方程式の解き方⑦

 月　日  点　答えは別冊26ページ

1 次の方程式を解きなさい。 各6点

(1) $\dfrac{x}{5}-\dfrac{2x-7}{15}=\dfrac{1}{2}$

〔解〕 $6x-2(2x-7)=15$

(2) $\dfrac{x-7}{9}-\dfrac{x-9}{7}=\dfrac{2}{21}x$

(3) $3x-\dfrac{2-x}{2}=5x-4$

(4) $8x-(4x-1)=\dfrac{2x+1}{3}$

(5) $\dfrac{x-1}{5}+1=\dfrac{x-1}{2}-2$

(6) $\dfrac{x+1}{2}-1=\dfrac{x+1}{3}-\dfrac{8}{9}$

(7) $\dfrac{x-1}{3}-\dfrac{2x+3}{2}=x-1$

(8) $\dfrac{x}{3}-\dfrac{2(x-7)}{5}=\dfrac{4}{3}x$

ヒント まず，両辺に分母の最小公倍数をかけて，分母をはらう。

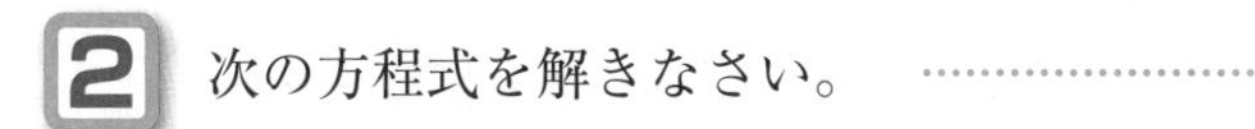

2 次の方程式を解きなさい。

(1) $\frac{1}{4}(x+4)=\frac{1}{3}(x+3)$

〔解〕 $3(x+4)=4(x+3)$

(2) $\frac{1}{2}(x-6)=\frac{1}{6}+\frac{1}{3}(x-6)$

(3) $\frac{1}{3}(x-5)=\frac{3}{2}-\frac{1}{2}(3x-1)$

(4) $\frac{2}{3}(x+3)=\frac{1}{2}-\frac{1}{6}(2-3x)$

3 次の方程式を解きなさい。

(1) $\frac{2x-1}{3}-\frac{x-1}{2}+\frac{4x-7}{6}=1$

(2) $\frac{x+7}{6}-\frac{3-2x}{9}=\frac{5x+7}{18}$

(3) $\frac{x+2}{3}-\frac{5x+4}{6}=3+\frac{3x-2}{4}$

(4) $0.2x-\frac{2}{5}(x-4)=-1.2(2x-5)$

ヒント 先に，小数を分数になおしてから，両辺に分母の最小公倍数をかけて，分母をはらう。

53 1次方程式の応用①

1 次の文のxにあてはまる数を，方程式をつくって求めなさい。 …………各8点

(1) xを3倍した数は，xより10大きい。

〔解〕 $3x=x+10$

よって，$2x=10$

$x=$□

この解は問題にあっている。

[　　　　]

(2) xを4倍した数は，xより9大きい。

[　　　　]

(3) xを3でわった数は，xより8小さい。

[　　　　]

(4) xから5をひいて2倍した数は，6になる。

[　　　　]

2 次の文のxにあてはまる数を，方程式をつくって求めなさい。 …………各10点

(1) xの2倍に16をたした数は，85からxをひいた数に等しい。

[　　　　]

(2) xの3倍より5大きい数は，xから2ひいた数の2倍より1大きい。

[　　　　]

3 Aさんは200円持っていたが，同じ値段のノートを2冊買うと20円残った。ノート1冊の値段を求めなさい。 12点

〔解〕 ノート1冊の値段をx円とすると

$200-2x=\square$

[　　　　]

4 Bさんは500円持っていたが，同じ値段のケーキを3個買うと80円残った。ケーキ1個の値段を求めなさい。 12点

[　　　　]

5 りんご5個分の代金は，りんご3個分の代金よりも160円高いという。りんご1個の値段を求めなさい。 12点

〔解〕 りんご1個の値段をx円とすると

$5x=\square+160$

[　　　　]

6 Cさんは今から24年後に，年齢（ねんれい）が今の3倍になる。Cさんの今の年齢を求めなさい。 12点

〔解〕 Cさんの今の年齢をx歳（さい）とすると

[　　　　]

54 1次方程式の応用②

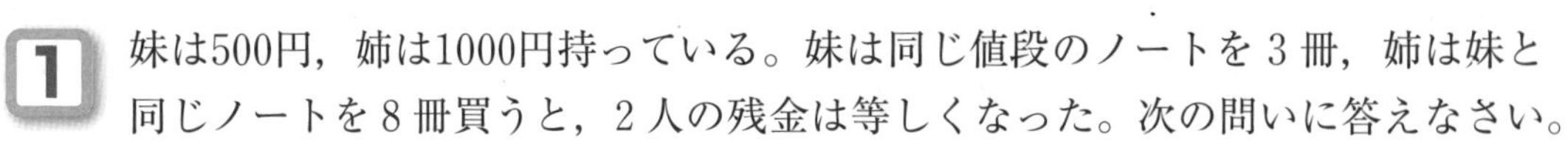

1 妹は500円，姉は1000円持っている。妹は同じ値段のノートを３冊，姉は妹と同じノートを８冊買うと，２人の残金は等しくなった。次の問いに答えなさい。 …… 各6点

(1) ノート１冊の値段を x 円として方程式をつくりなさい。
妹の残金は$(500-3x)$円，
姉の残金は$(1000-8x)$円だから

[　　　　　　]

(2) (1)の方程式を解いて，ノート１冊の値段を求めなさい。

[　　　　　　]

2 Ａさんは540円，Ｂさんは300円持っている。Ａさんは同じ値段のノートを３冊，Ｂさんは Ａさんと同じノートを１冊買ったら，２人の残金は等しくなった。ノート１冊の値段を求めなさい。 …… 14点

[　　　　　　]

3 兄は1200円，弟は400円持っている。兄は同じ値段のノートを10冊，弟は兄と同じノートを３冊買ったら，兄の残金は弟の残金の２倍になった。ノート１冊の値段を求めなさい。 …… 14点

[　　　　　　]

4 兄は600円，弟は100円持っている。２人はお母さんからそれぞれ同じ金額だけおこづかいをもらったら，兄の金額は弟の金額の２倍になった。２人はお母さんからいくらずつもらったか求めなさい。 …… 15点

［　　　　］

5 兄の所持金は，弟よりも50円多い。また，２人の所持金を合わせると250円になる。弟の所持金はいくらか求めなさい。 …… 15点

〔解〕 弟の所持金を x 円とすると

兄の所持金は $(x+\square)$ 円だから

方程式は $x+(x+\square)=250$

［　　　　］

6 りんご１個の値段は，みかん１個の値段よりも30円高い。りんご１個とみかん１個の値段の和が210円であるとき，みかん１個の値段を求めなさい。 15点

〔解〕 みかん１個の値段を x 円とすると

りんご１個の値段は $(x+\square)$ 円だから

［　　　　］

7 妹の所持金は，姉よりも150円少ない。また，２人の所持金を合わせると1250円になる。姉の所持金はいくらか求めなさい。 …… 15点

〔解〕 姉の所持金を x 円とすると

妹の所持金は $(x-\square)$ 円だから

［　　　　］

55 1次方程式の応用③

月　日　点　答えは別冊28ページ

1 みかん8個を20円のかごに入れてもらって500円支払（しはら）った。みかん1個の値段を求めなさい。 …… 10点

〔解〕 みかん1個の値段をx円とすると

$8x+\square=500$

[　　　　]

2 消しゴム1個の値段は，鉛筆（えんぴつ）1本の値段よりも20円高い。消しゴム1個と鉛筆5本を買って380円支払った。消しゴム1個と鉛筆1本の値段を求めなさい。 …… 15点

〔解〕 鉛筆1本の値段をx円とすると

消しゴム1個の値段は　$(x+\square)$円だから

方程式は　$(x+\square)+5x=380$

消しゴム[　　　　]

鉛　筆[　　　　]

3 ノート1冊と鉛筆1本を買うと210円である。また，同じノート1冊と同じ鉛筆5本を買うと510円である。ノート1冊と鉛筆1本の値段を求めなさい。 …… 15点

〔解〕 鉛筆1本の値段をx円とすると

ノート[　　　　]

鉛　筆[　　　　]

4 みかん1個とりんご1個を買うと200円である。また，同じみかん5個と同じりんご7個を買うと1240円である。みかん1個とりんご1個の値段を求めなさい。 ……… **15点**

〔解〕 みかん1個の値段を x 円とすると

$5x+\square(200-\square)=1240$

みかん〔　　　　〕

りんご〔　　　　〕

5 1本60円の鉛筆と1本45円の鉛筆を合わせて15本買って870円支払った。60円の鉛筆と45円の鉛筆をそれぞれ何本買ったか求めなさい。 ……… **15点**

〔解〕 60円の鉛筆を x 本買ったとすると

45円の鉛筆は　$(15-\square)$ 本だから

方程式は　$60x+\square(15-\square)=870$

60円の鉛筆〔　　　　〕

45円の鉛筆〔　　　　〕

6 1個140円のなしと1個120円のりんごを合わせて13個買って1660円支払った。なしとりんごをそれぞれ何個ずつ買ったかを，なしを x 個買ったとして，方程式をつくり求めなさい。 ……… **15点**

な　し〔　　　　〕

りんご〔　　　　〕

7 ある美術館の入館料はおとな1人1000円，子ども1人400円である。ある日の入館者の合計は90人で，入館料の合計は79800円であった。この日に入館したおとなと子どもの人数を求めなさい。 ……… **15点**

おとな〔　　　　〕

子ども〔　　　　〕

56 1次方程式の応用④

月　日　点　答えは別冊28ページ

1 鉛筆(えんぴつ)を5本買おうとすると50円余る所持金で，鉛筆を8本買おうとすると100円たりなくなる。次の問いに答えなさい。……各9点

(1) 鉛筆1本の値段をx円として，所持金を2通りの式で表しなさい。

［$5x+$ ☐ ，　　　　］

(2) 鉛筆1本の値段を求めなさい。

〔解〕 $5x+$ ☐ $=$ ☐

［　　　　］

2 生徒に鉛筆を配るのに，1人5本ずつ配ると20本余り，1人6本ずつ配ると16本たりない。生徒の人数を求めなさい。……10点

［　　　　］

3 子どもにみかんを配るのに，1人6個ずつ配ると23個余り，1人9個ずつ配ると5個余る。子どもの人数を求めなさい。……10点

［　　　　］

4 子どもにりんごを配るのに，1人5個ずつ配ると3個余り，1人6個ずつ配ると4個たりない。子どもの人数とりんごの個数を求めなさい。……10点

子ども［　　　　］

りんご［　　　　］

5 生徒に色鉛筆を配るのに，１人５本ずつ配ると45本余り，１人８本ずつ配ると６本余る。生徒の人数と色鉛筆の本数を求めなさい。 ……………… 12点

生　徒 [　　　　]

色鉛筆 [　　　　]

6 現在，父親の年齢(ねんれい)は41歳(さい)，子どもの年齢は７歳である。父親の年齢が子どもの年齢の３倍になるのは何年後か求めなさい。 ……………… 12点

[　　　　]

7 兄は600円，弟は120円持っている。兄から弟へ何円渡(わた)すと，兄の所持金が弟の所持金の３倍になるか求めなさい。 ……………… 12点

[　　　　]

8 Ａさんの所持金は，Ｂさんの２倍である。２人とも200円の本を買ったら，Ａさんの所持金がＢさんの３倍になった。次の問いに答えなさい。

……………… (1) 10点 (2) 6点

(1) はじめのＢさんの所持金をx円として，方程式をつくりなさい。

[　　　　]

(2) はじめのＡさん，Ｂさんの所持金はそれぞれいくらか求めなさい。

Ａさん [　　　　]，Ｂさん [　　　　]

57 1次方程式の応用⑤

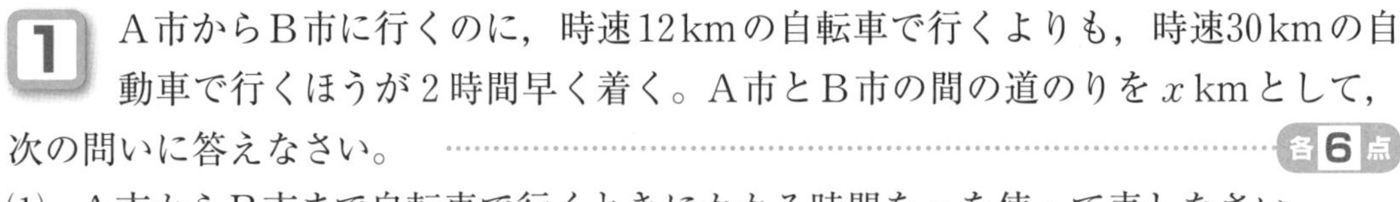

1 A市からB市に行くのに，時速12kmの自転車で行くよりも，時速30kmの自動車で行くほうが2時間早く着く。A市とB市の間の道のりを$x$kmとして，次の問いに答えなさい。……各6点

(1) A市からB市まで自転車で行くときにかかる時間をxを使って表しなさい。

[　　　　　　]

(2) A市からB市まで自動車で行くときにかかる時間をxを使って表しなさい。

[　　　　　　]

(3) A市とB市の間の道のりを求めなさい。

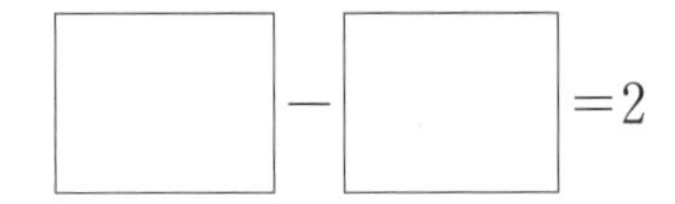

□－□＝2

[　　　　　　]

2 A地からB地へ行くのに，時速6kmで歩くよりも，時速10kmの自転車で行くほうが2時間早く着く。A地とB地の間の道のりを求めなさい。……10点

[　　　　　　]

3 地点A，B間を，行きは時速6km，帰りは時速4kmで往復したら7.5時間かかった。A，B間の道のりを求めなさい。……10点

[　　　　　　]

4 Ｐ地点から600ｍ前方を歩いているＡさんをＢさんが走って追いかけた。Ａさんは分速80ｍ，Ｂさんは分速200ｍで進むとして，次の問いに答えなさい。 各8点

(1) ＢさんがＰ地点を出発してからx分後にＡさんに追いつくとする。２人が進んだ道のりの関係から方程式をつくりなさい。

［　　　　　　］

(2) ＢさんはＰ地点を出発してから何分後にＡさんに追いつくか求めなさい。

［　　　　　　］

5 Ａさんは分速80ｍで駅に向かって歩いて自宅を出発した。それから10分後に兄が自宅を出発して，分速240ｍの自転車でＡさんを追いかけた。兄が自宅を出発してから何分後にＡさんに追いつくか求めなさい。 15点

〔解〕 兄が自宅を出発してからx分後にＡさんに追いつくとすると

$80(x+\square)=240x$

［　　　　　　］

6 Ａさんは分速80ｍで駅に向かって歩いて自宅を出発した。それから９分後に兄が自宅を出発して，分速200ｍの自転車でＡさんを追いかけた。兄が自宅を出発してから何分後にＡさんに追いつくか求めなさい。 15点

［　　　　　　］

7 Ａさんは今，1560円の貯金があり，毎週80円ずつ貯金している。Ｂさんは貯金はないが，今週から毎週200円ずつ貯金することにした。Ｂさんの貯金の合計が，Ａさんの貯金の合計と等しくなるのは，Ｂさんが貯金をはじめてから何週間後か求めなさい。 16点

［　　　　　　］

58 1次方程式の応用⑥

月　日　点　答えは別冊29ページ

1 みかん1箱を定価の2割引きで買ったら1200円であった。次の問いに答えなさい。　各6点

(1) みかん1箱の定価を x 円として，方程式をつくりなさい。

[　　　　]

(2) みかん1箱の定価を求めなさい。

[　　　　]

2 ある品物を720円で売ったら，原価の2割の利益があった。この品物の原価を求めなさい。　12点

[　　　　]

3 ある町の今年の人口は，昨年より8％増えて16200人であった。この町の昨年の人口を求めなさい。　12点

[　　　　]

4 原価の2割増しの定価をつけた品物を，その定価の1割引きで売ったら40円の利益があった。この品物の原価を求めなさい。　16点

〔解〕 この品物の原価を x 円とすると，売り値は　$1.2x\times$ □ (円)

[　　　　]

5 ある映画館に600人の観客がいて，そのうち５％が子どもである。映画館からおとなだけ何人か出て行ったので，残りの人数の12％が子どもになった。次の問いに答えなさい。 ……… 各８点

(1) 映画館からおとながx人出て行ったとして，方程式をつくりなさい。

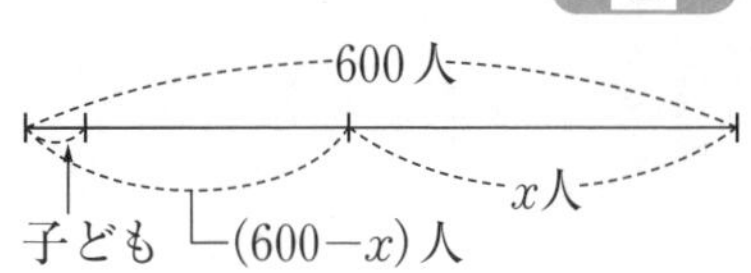

[$(600-x)\times\square=600\times\frac{5}{100}$]

(2) 映画館からおとなは何人出て行ったか求めなさい。

[　　　　]

6 みかんとりんごが合わせて80個あり，そのうちの５％がりんごである。みかんを何個か取り出したら，みかんとりんごを合わせた数の20％がりんごになった。みかんを何個取り出したか求めなさい。 ……… 16点

[　　　　]

7 ある学年の昨年の生徒数は137人で，今年は男子１人，女子２人が転入し，女子の割合が学年全体の45％になった。昨年の女子の生徒数を求めなさい。
……… 16点

[　　　　]

59 1次方程式の応用⑦

1 次の問いに答えなさい。 各8点

(1) 3％の食塩水では，食塩水全体の重さの3％が食塩の重さである。では，3％の食塩水1kgの中には何gの食塩と水が入っているか求めなさい。

〔解〕 食塩…$1000\times\frac{\square}{100}=$

食塩［　　　］，水［　　　］

(2) 食塩24gを水にとかして600gの食塩水をつくった。この食塩水の濃度は何％か求めなさい。

［　　　］

2 10％の食塩水が500gある。この食塩水を水でうすめて4％の食塩水にしたい。次の問いに答えなさい。 各8点

(1) 10％の食塩水500gの中には何gの食塩がとけているか求めなさい。

［　　　］

(2) 水をxg加えて4％の食塩水にしたとき，食塩水の中にとけている食塩の重さをxを使って表しなさい。

〔解〕 水をxg加えると，食塩水の重さは$(500+\square)$gとなる。

［　　　］

(3) 水を何g加えればよいか求めなさい。

$(500+\square)\times\frac{\square}{100}=\square$

［　　　］

3 8％の食塩水が500gある。この食塩水を水でうすめて5％の食塩水にするには，水を何g加えればよいか求めなさい。 …… 20点

〔　　　　〕

4 8％の食塩水が500gある。この食塩水を10％の食塩水にするには，水を何g蒸発させればよいか求めなさい。 …… 20点

〔解〕 水をxg蒸発させると，食塩水の重さは(500−□)gとなる。

〔　　　　〕

5 6％の食塩水が600gある。この食塩水を9％の食塩水にするには，水を何g蒸発させればよいか求めなさい。 …… 20点

〔　　　　〕

60 1次方程式の応用⑧

1 Aさんは持っていたお金の$\frac{1}{4}$を出して本を買い，さらに，500円を出してお菓子を買ったら，はじめに持っていたお金の$\frac{2}{3}$が残った。次の問いに答えなさい。 各6点

(1) Aさんがはじめにx円持っていたとして，方程式をつくりなさい。

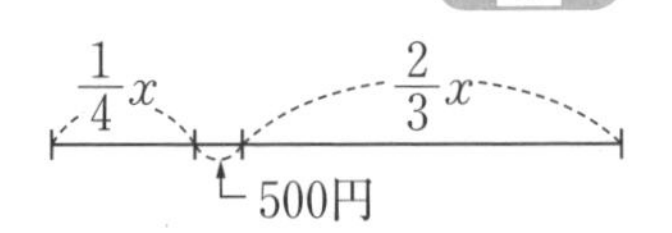

[　　　　　　　　　　]

(2) Aさんははじめにいくら持っていたか求めなさい。

[　　　　　　]

2 Aさんは持っていたお金の$\frac{1}{4}$を出して本を買い，さらに，500円を出してお菓子を買ったら，はじめに持っていたお金の半分より40円多く残った。Aさんははじめにいくら持っていたか求めなさい。 16点

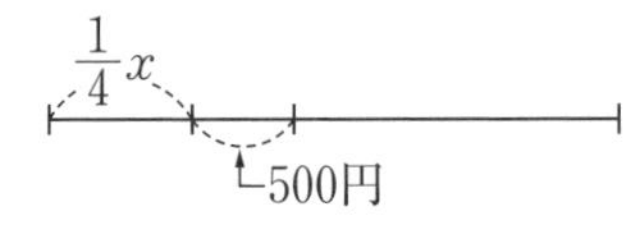

[　　　　　　]

3 Aさんは持っていたお金の$\frac{1}{4}$を出して本を買い，残りのお金の$\frac{2}{5}$を出してお菓子を買ったら，540円残った。Aさんははじめにいくら持っていたか求めなさい。 18点

[　　　　　　]

4 右の図の三角形ABCにおいて，角Bの大きさは角Aの２倍，角Cの大きさは角Aの1.5倍である。角A，角B，角Cの大きさをそれぞれ求めなさい。 ……………………………… 18点

A
$x°$
$2x°$　$1.5x°$
B　C

〔解〕 角Aの大きさを $x°$ とすると

$x+2x+\boxed{}=180$

角A［　　　　］

角B［　　　　］

角C［　　　　］

5 ある中学校の１年生は３組あって，生徒数は全部で110人である。A組の生徒数はB組よりも３人多く，B組の生徒数はC組よりも２人少ないという。A組，B組，C組の生徒数はそれぞれ何人か求めなさい。 ……………………………… 18点

〔解〕 B組の生徒数を x 人とすると

$(x+3)+x+(x+\boxed{})=110$

A組［　　　　］

B組［　　　　］

C組［　　　　］

6 Aさん，Bさん，Cさんの３人が持っているお金の合計は18500円で，AさんはBさんよりも2300円多く，CさんはBさんよりも1200円少ないという。Aさん，Bさん，Cさんが持っているお金はそれぞれいくらか求めなさい。 ……… 18点

〔解〕 Bさんが持っているお金を x 円とすると

Aさん［　　　　］

Bさん［　　　　］

Cさん［　　　　］

61 比例式

答えは別冊30ページ

1 例にならって，次の比例式を解きなさい。 …… 各7点

例

$3:4=x:8$

〔解1〕 $\dfrac{3}{4}=\dfrac{x}{8}$

両辺に8をかけて

$6=x$

よって，$x=6$

〔解2〕 $3\times8=4\times x$

$24=4x$

$4x=24$

よって，$x=6$

(1) $5:3=x:6$

$x=$［　　　　］

(2) $16:12=x:3$

$x=$［　　　　］

(3) $6:8=x:12$

$x=$［　　　　］

(4) $x:6=5:15$

$x=$［　　　　］

(5) $x:35=3:7$

$x=$［　　　　］

(6) $15:10=16.5:x$

$x=$［　　　　］

(7) $8:12=(x+3):4$

$x=$［　　　　］

(8) $x:9=\dfrac{1}{3}:\dfrac{3}{5}$

$x=$［　　　　］

ポイント

●**比と比の値**　$a:b$ のとき，a を b でわった値 $\dfrac{a}{b}$ を，$a:b$ の比の値という。

また，$a:b=m:n$ ならば，$an=bm$ が成り立つ。

2 縦と横の長さの比が3：4の長方形をつくりたい。横の長さを28cmにすると，縦の長さは何cmにすればよいか求めなさい。 …… 10点

〔解〕 長方形の縦の長さをx cmとすると

3：4＝x：□

［　　　　］

3 ケーキをつくるのに，砂糖と小麦粉の重さの比を 2：5 にしたい。小麦粉を400g 使うとき，砂糖は何 g 必要か求めなさい。 …… 12点

［　　　　］

4 1800円を兄と弟で分けるのに，兄と弟の金額の比が3：2 となるようにするには，兄，弟の金額をそれぞれ何円にすればよいか求めなさい。 …… 10点

〔解〕 兄の金額をx円とすると

弟の金額は (□$-x$)円

兄［　　　　］

弟［　　　　］

5 赤い花と白い花があり，赤い花は白い花より 7 本多く，赤い花と白い花の本数の比は6：4 である。花は全部で何本あるか求めなさい。 …… 12点

［　　　　］

方程式のまとめ

 月　日  点　答えは別冊31ページ

1 次の方程式を解きなさい。　各6点

(1) $3x+5=8$

(2) $5x+7=2x+1$

(3) $3(x-2)=-9$

(4) $3(3x+2)=-6(2-x)$

(5) $4(x-1)+3(3x+5)=2x$

(6) $\dfrac{1}{3}x-\dfrac{3}{4}=\dfrac{1}{2}$

(7) $\dfrac{3}{5}x-3=\dfrac{3}{10}x+\dfrac{1}{2}$

(8) $2.4x-0.8=0.9x-2.2$

(9) $\dfrac{3x-1}{4}=\dfrac{2x-3}{3}$

(10) $\dfrac{x+4}{3}=\dfrac{3x-5}{2}-\dfrac{1}{4}$

2 次の比例式を解きなさい。 …………………………………… 各6点

(1) $12:18=x:6$

(2) $6:(x-2)=10:25$

$x=$[　　　　]

$x=$[　　　　]

3 大の卵は1個30円，小の卵は1個22円である。これらの卵を合わせて20個買って504円支払った。大，小の卵をそれぞれ何個買ったか求めなさい。

…………………………………… 9点

大[　　　　]

小[　　　　]

4 子どもにみかんを配るのに，1人5個ずつ配ると12個余り，1人7個ずつ配ると6個たりない。子どもの人数とみかんの個数を求めなさい。 ………… 9点

子ども[　　　　]

みかん[　　　　]

5 Aさんは分速300mの自転車で駅に向かって自宅を出発した。それから6分後に兄が自宅を出発して，分速750mの自動車でAさんを追いかけた。兄が自宅を出発してから何分後にAさんに追いつくか求めなさい。 ………… 10点

[　　　　]

「中学基礎100」アプリ テスト前 5科4択 で，
スキマ時間にもテスト対策！

問題集

＼ 日常学習 テスト1週間前 ／

『中学基礎がため100％』シリーズに取り組む！

アプリ

＼ 定期テスト直前！ ／

テスト必出問題を「4択問題アプリ」でチェック！

アプリの特長

『中学基礎がため100％』の5教科各単元にそれぞれ対応したコンテンツ！

＊ご購入の問題集に対応したコンテンツのみ使用できます。

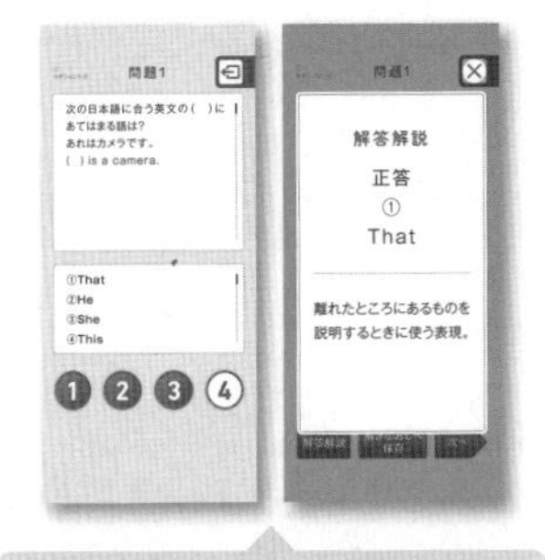

テストに出る重要問題を4択問題でサクサク復習！

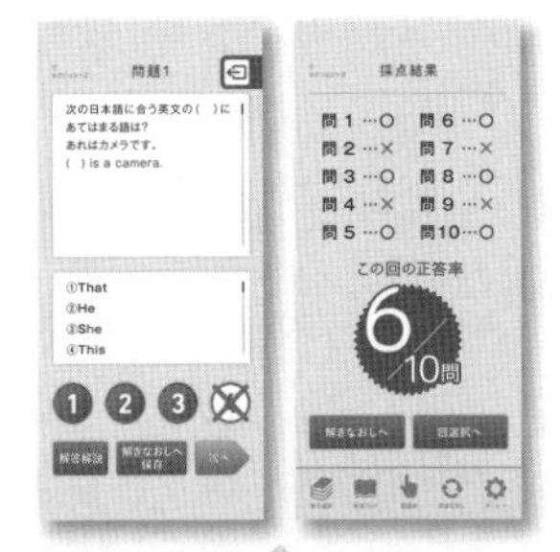

間違えた問題は「解きなおし」で，何度でもチャレンジ。テストまでに100点にしよう！

＊アプリのダウンロード方法は，本書のカバーそで（表紙を開いたところ），または1ページ目をご参照ください。

中学基礎がため100％

できた！ 中1数学 計算

2021年 2月　第1版第1刷発行
2024年 8月　第1版第8刷発行

発行人／泉田義則
発行所／株式会社くもん出版
〒141-8488
東京都品川区東五反田2−10−2　東五反田スクエア11F
☎ 代表　03(6836)0301
編集直通　03(6836)0317
営業直通　03(6836)0305

印刷・製本／TOPPAN株式会社

デザイン／佐藤亜沙美(サトウサンカイ)
カバーイラスト／いつか
本文イラスト／平林知子
本文デザイン／岸野祐美・永見千春・池本円(京田クリエーション)・坂田良子
編集協力／株式会社カルチャー・プロ

ISBN 978-4-7743-3103-4

CD57500

くもん出版ホームページ　https://www.kumonshuppan.com/

＊本書は『くもんの中学基礎がため100％　中1数学　計算編』を改題し，新しい内容を加えて編集しました。

これだけは覚えておこう

中1数学　計算の要点のまとめ

正の数・負の数

① 正の数・負の数の加法・減法

$3+5=8$　　$-3+5=2$
$2-6=-4$　　$-2-6=-8$

$2+(+5)=2+5=7$
$2+(-5)=2-5=-3$
$2-(+5)=2-5=-3$
$2-(-5)=2+5=7$

$-4-(-3)+(-8)+1$
$=-4+3-8+1$
$=3+1-4-8$
$=4-12$
$=-8$

負の数…－3，－1のような数
正の数…3，1のような数

←負の数―○―正の数→
－4　－3　－2　－1　0　1　2　3　4

＋(＋○)　⇨　＋○
＋(－○)　⇨　－○
－(＋○)　⇨　－○
－(－○)　⇨　＋○

② 正の数・負の数の乗法・除法

$(+3)\times(+4)=+12$
$(+3)\times(-4)=-12$
$(-3)\times(+4)=-12$
$(-3)\times(-4)=+12$

$(+8)\div(+2)=+4$
$(+8)\div(-2)=-4$
$(-8)\div(+2)=-4$
$(-8)\div(-2)=+4$

$\frac{2}{5}$の逆数は$\frac{5}{2}$，6の逆数は$\frac{1}{6}$

●2数の積
⊕と⊕をかけると　⊕
⊕と⊖をかけると　⊖
⊖と⊖をかけると　⊕

●2数の商
⊕を⊕でわると　⊕
⊕を⊖でわると　⊖
⊖を⊕でわると　⊖
⊖を⊖でわると　⊕

●乗法と除法の混じった計算の答えの符号
負の数が　①偶数個のとき　＋　　②奇数個のとき　－

$2\times(-1)^2-3^3\div 9$
$=2\times 1-27\div 9$
$=2-3$
$=-1$

●四則計算の順序
累乗→かっこ→乗除→加減の順に行う。

⬅ていねいに引っぱってください。別冊解答になります。

中学基礎がため100%

できた！中1数学

計算

別冊解答書

答えと考え方

1 正の数・負の数の加法・減法① P.4-5

1 答 (1) 2 (2) -2 (3) 3 (4) 0 (5) 3 (6) -1 (7) 5 (8) -5 (9) 3 (10) -3

2 答 (1) -4 (2) -5 (3) -6 (4) -8 (5) -10 (6) -13 (7) -14 (8) -25 (9) -8 (10) -14 (11) -25 (12) -8 (13) -15 (14) -13 (15) -10

2 正の数・負の数の加法・減法② P.6-7

1 答 (1) -1 (2) 6 (3) -3 (4) 1 (5) -9 (6) 15 (7) -3 (8) -3 (9) 8 (10) -6 (11) -4 (12) -4 (13) -12 (14) -7

2 答 (1) -7 (2) -13 (3) -9 (4) -13 (5) -18 (6) -21 (7) -29 (8) -30 (9) -45 (10) -61

3 答 (1) 11 (2) 5 (3) -5 (4) -11 (5) 21 (6) -9 (7) 9 (8) -21

3 正の数・負の数の加法・減法③ P.8-9

1 答 (1) 3 (2) 3 (3) 11 (4) 11 (5) -3 (6) -3 (7) 13 (8) 13 (9) -5 (10) -5 (11) 19 (12) 19 (13) 30 (14) 4 (15) -13 (16) 37

2 答 (1) 8 (2) 5 (3) 12 (4) 5 (5) 14 (6) -7 (7) -10 (8) 15 (9) -4 (10) 26 (11) 8 (12) 29 (13) 0 (14) 49

4 正の数・負の数の加法・減法④ P.10-11

1 答 (1) 2 (2) -8 (3) -8 (4) 2 (5) 0 (6) -12 (7) -12 (8) 0 (9) -12 (10) -12 (11) -21 (12) -10 (13) -1 (14) 2 (15) -52 (16) 0

2 答 (1) -5 (2) -9 (3) -9 (4) -5 (5) 5 (6) 5 (7) -11 (8) -11 (9) -18 (10) 0 (11) -18 (12) 0 (13) 4 (14) 8 (15) -55 (16) -30

5 正の数・負の数の加法・減法⑤ P.12-13

1 答 (1) 0.3 (2) -0.3 (3) 0.4 (4) -0.4 (5) 0.2 (6) -0.6 (7) -2 (8) -1.5 (9) -2 (10) -1.3 (11) -1 (12) 0.2 (13) 2 (14) -1.4 (15) 1.4 (16) -2

2 答 (1) 0.4 (2) 0.4 (3) 1.1 (4) 1.1 (5) 0.8 (6) 0.2 (7) -1 (8) -0.5 (9) 1 (10) -0.3 (11) 0.5 (12) 0.4 (13) 0.9 (14) -0.7 (15) -3.8 (16) -3

6 正の数・負の数の加法・減法⑥ P.14-15

1 答 (1) $\frac{3}{5}$ (2) $-\frac{1}{3}$ (3) $\frac{2}{7}$ (4) $-\frac{5}{8}$ (5) $-\frac{1}{4}$ (6) $-\frac{1}{6}$ (7) $-\frac{1}{4}$ (8) $\frac{1}{3}$ (9) $-\frac{2}{3}$ (10) $-\frac{1}{2}$ (11) $-\frac{1}{3}$ (12) $\frac{1}{3}$

考え方 (7) $\frac{3}{8}-\frac{5}{8}=-\frac{\boxed{2}}{8}=-\frac{1}{4}$

2 答 (1) $\frac{1}{4}$ (2) $-\frac{3}{8}$ (3) $-\frac{1}{9}$

(4) $-\frac{1}{8}$ (5) $\frac{3}{10}$ (6) $-\frac{1}{3}$

(7) $-\frac{1}{2}$ (8) $-\frac{1}{5}$ (9) $-\frac{1}{4}$

(10) $-\frac{1}{5}$

考え方

(1) $\frac{1}{2}-\frac{1}{4}=\frac{\boxed{2}}{4}-\frac{1}{4}=\frac{1}{4}$

(2) $\frac{3}{8}-\frac{3}{4}=\frac{3}{8}-\frac{6}{8}=-\frac{3}{8}$

(3) $\frac{1}{3}-\frac{4}{9}=\frac{3}{9}-\frac{4}{9}=-\frac{1}{9}$

(4) $\frac{1}{2}-\frac{5}{8}=\frac{4}{8}-\frac{5}{8}=-\frac{1}{8}$

(5) $\frac{2}{5}-\frac{1}{10}=\frac{4}{10}-\frac{1}{10}=\frac{3}{10}$

(6) $\frac{1}{6}-\frac{1}{2}=\frac{1}{6}-\frac{3}{6}=-\frac{2}{6}=-\frac{1}{3}$

(7) $\frac{3}{10}-\frac{4}{5}=\frac{3}{10}-\frac{8}{10}=-\frac{1}{2}$

(8) $\frac{11}{20}-\frac{3}{4}=\frac{11}{20}-\frac{15}{20}=-\frac{1}{5}$

(9) $\frac{5}{12}-\frac{2}{3}=\frac{5}{12}-\frac{8}{12}=-\frac{1}{4}$

(10) $\frac{7}{15}-\frac{2}{3}=\frac{7}{15}-\frac{10}{15}=-\frac{1}{5}$

7 正の数・負の数の加法・減法⑦ P.16-17

1 答 (1) $\frac{5}{9}$ (2) $-\frac{1}{3}$ (3) $-\frac{1}{5}$

(4) $-\frac{2}{7}$ (5) 0 (6) $\frac{2}{9}$

(7) $-\frac{2}{3}$ (8) $\frac{1}{4}$ (9) $\frac{2}{3}$

(10) $-\frac{1}{2}$ (11) $\frac{1}{5}$ (12) $\frac{1}{4}$

考え方

(7) $-\frac{5}{6}+\frac{1}{6}=-\frac{\boxed{4}}{6}=-\frac{2}{3}$

2 答 (1) $-\frac{1}{9}$ (2) $\frac{1}{4}$ (3) $\frac{1}{8}$

(4) $\frac{7}{10}$ (5) $-\frac{3}{8}$ (6) $\frac{1}{3}$

(7) $\frac{1}{3}$ (8) $\frac{1}{2}$ (9) $\frac{1}{4}$

(10) $-\frac{1}{4}$

考え方

(1) $-\frac{1}{3}+\frac{2}{9}=-\frac{3}{9}+\frac{2}{9}=-\frac{1}{9}$

(2) $-\frac{1}{4}+\frac{1}{2}=-\frac{1}{4}+\frac{2}{4}=\frac{1}{4}$

(3) $-\frac{1}{2}+\frac{5}{8}=-\frac{4}{8}+\frac{5}{8}=\frac{1}{8}$

(4) $-\frac{1}{10}+\frac{4}{5}=-\frac{1}{10}+\frac{8}{10}=\frac{7}{10}$

(5) $-\frac{5}{8}+\frac{1}{4}=-\frac{5}{8}+\frac{2}{8}=-\frac{3}{8}$

(6) $-\frac{1}{2}+\frac{5}{6}=-\frac{3}{6}+\frac{5}{6}=\frac{1}{3}$

(7) $-\frac{5}{12}+\frac{3}{4}=-\frac{5}{12}+\frac{9}{12}=\frac{1}{3}$

(8) $-\frac{1}{10}+\frac{3}{5}=-\frac{1}{10}+\frac{6}{10}=\frac{1}{2}$

(9) $-\frac{2}{3}+\frac{11}{12}=-\frac{8}{12}+\frac{11}{12}=\frac{1}{4}$

(10) $-\frac{3}{5}+\frac{7}{20}=-\frac{12}{20}+\frac{7}{20}=-\frac{1}{4}$

8 正の数・負の数の加法・減法⑧ P.18-19

1 答 (1) $\frac{2}{5}$ (2) $-\frac{2}{5}$ (3) $-\frac{5}{7}$

(4) $-\frac{3}{7}$ (5) -1 (6) $-\frac{2}{5}$

(7) $-\frac{4}{9}$ (8) $-\frac{3}{8}$ (9) $-\frac{1}{2}$

(10) $-\frac{1}{2}$ (11) $-\frac{5}{6}$ (12) $-\frac{1}{2}$

考え方

(7) $-\frac{7}{9}+\frac{1}{3}=-\frac{7}{9}+\frac{3}{9}=-\frac{4}{9}$

(8) $\frac{1}{2}-\frac{7}{8}=\frac{4}{8}-\frac{7}{8}=-\frac{3}{8}$

(9) $-\frac{1}{10}-\frac{2}{5}=-\frac{1}{10}-\frac{4}{10}=-\frac{1}{2}$

(10) $\frac{1}{3}-\frac{5}{6}=\frac{2}{6}-\frac{5}{6}=-\frac{1}{2}$

(11) $-\frac{1}{6}-\frac{2}{3}=-\frac{1}{6}-\frac{4}{6}=-\frac{5}{6}$

(12) $-\frac{4}{5}+\frac{3}{10}=-\frac{8}{10}+\frac{3}{10}=-\frac{1}{2}$

2 答 (1) $\frac{5}{7}$ (2) $\frac{2}{9}$ (3) $\frac{1}{2}$

(4) -1 (5) $\frac{1}{5}$ (6) $\frac{3}{4}$

(7) $-\frac{5}{9}$ (8) $\frac{3}{4}$ (9) $-\frac{1}{3}$

(10) $-\frac{9}{8}$

★(10)は帯分数で答えてもよい。

考え方

(1) $\frac{3}{7}+\left(+\frac{2}{7}\right)=\frac{3}{7}+\frac{2}{7}=\frac{5}{7}$

(2) $\frac{4}{9}+\left(-\frac{2}{9}\right)=\frac{4}{9}-\frac{2}{9}=\frac{2}{9}$

(3) $\frac{3}{8}-\left(-\frac{1}{8}\right)=\frac{3}{8}+\frac{1}{8}=\frac{4}{8}=\frac{1}{2}$

(4) $-\frac{5}{12}-\left(+\frac{7}{12}\right)=-\frac{5}{12}-\frac{7}{12}$

$=-\frac{12}{12}=-1$

(5) $-\frac{3}{10}+\left(+\frac{1}{2}\right)=-\frac{3}{10}+\frac{1}{2}$

$=-\frac{3}{10}+\frac{5}{10}=\frac{2}{10}=\frac{1}{5}$

(6) $\frac{5}{6}-\left(+\frac{1}{12}\right)=\frac{5}{6}-\frac{1}{12}$

$=\frac{10}{12}-\frac{1}{12}=\frac{9}{12}=\frac{3}{4}$

(7) $\frac{5}{18}+\left(-\frac{5}{6}\right)=\frac{5}{18}-\frac{5}{6}$

$=\frac{5}{18}-\frac{15}{18}=-\frac{10}{18}=-\frac{5}{9}$

(8) $\frac{3}{20}-\left(-\frac{3}{5}\right)=\frac{3}{20}+\frac{3}{5}$

$=\frac{3}{20}+\frac{12}{20}=\frac{15}{20}=\frac{3}{4}$

(9) $-\frac{19}{30}-\left(-\frac{3}{10}\right)=-\frac{19}{30}+\frac{3}{10}$

$=-\frac{19}{30}+\frac{9}{30}=-\frac{10}{30}=-\frac{1}{3}$

(10) $-\frac{5}{24}-\left(+\frac{11}{12}\right)=-\frac{5}{24}-\frac{11}{12}$

$=-\frac{5}{24}-\frac{22}{24}=-\frac{27}{24}=-\frac{9}{8}$

9 正の数・負の数の加法・減法⑨ P.20-21

1 答 (1) $-2\frac{4}{7}$ (2) $-1\frac{3}{7}$ (3) $2\frac{3}{5}$ (4) $1\frac{2}{5}$ (5) $4\frac{4}{7}$ (6) $3\frac{3}{7}$ (7) $-2\frac{3}{5}$ (8) $-1\frac{2}{5}$ (9) $-3\frac{1}{7}$ (10) $-2\frac{6}{7}$

考え方

(2) $\frac{5}{7}-2\frac{1}{7}=\frac{5}{7}-1\frac{8}{7}=-1\frac{3}{7}$

(4) $-\frac{4}{5}+2\frac{1}{5}=-\frac{4}{5}+1\frac{\boxed{6}}{5}=1\frac{\boxed{2}}{5}$

(6) $-\frac{5}{7}+4\frac{1}{7}=-\frac{5}{7}+3\frac{8}{7}=3\frac{3}{7}$

(8) $-2\frac{1}{5}+\frac{4}{5}=-1\frac{\boxed{6}}{5}+\frac{4}{5}=-1\frac{\boxed{2}}{5}$

(10) $-3\frac{2}{7}+\frac{3}{7}=-2\frac{9}{7}+\frac{3}{7}=-2\frac{6}{7}$

2 答 (1) $-2\frac{2}{9}$ (2) $-1\frac{8}{9}$ (3) $-2\frac{2}{9}$ (4) $-1\frac{7}{9}$ (5) $-3\frac{1}{6}$ (6) $-2\frac{5}{6}$ (7) $-2\frac{1}{6}$ (8) $-2\frac{1}{2}$ (9) $-3\frac{1}{8}$ (10) $-2\frac{7}{8}$

考え方

(1) $\frac{4}{9}-2\frac{2}{3}=\frac{4}{9}-2\frac{6}{9}=-2\frac{2}{9}$

(2) $\frac{7}{9}-2\frac{2}{3}=\frac{7}{9}-2\frac{6}{9}$

$=\frac{7}{9}-1\frac{15}{9}=-1\frac{8}{9}$

(3) $-2\frac{1}{3}+\frac{1}{9}=-2\frac{\boxed{3}}{9}+\frac{1}{9}=-2\frac{2}{9}$

(4) $-2\frac{1}{3}+\frac{5}{9}=-2\frac{\boxed{3}}{9}+\frac{5}{9}$

$=-1\frac{\boxed{12}}{9}+\frac{5}{9}=-1\frac{7}{9}$

(7) $-1\frac{1}{3}-\frac{5}{6}=-1\frac{\boxed{2}}{6}-\frac{5}{6}=-2\frac{1}{6}$

(8) $-1\frac{5}{6}-\frac{2}{3}=-1\frac{5}{6}-\frac{4}{6}$

$=-1\frac{9}{6}=-1\frac{3}{2}=-2\frac{1}{2}$

10 正の数・負の数の加法・減法⑩ P.22-23

1 答 (1) $2\frac{3}{5}$ (2) $1\frac{2}{3}$ (3) $2\frac{1}{2}$ (4) $\frac{3}{5}$ (5) $-1\frac{1}{2}$ (6) $1\frac{2}{3}$

考え方

(4) $-1\frac{7}{10}-\left(-2\frac{3}{10}\right)$

$=-1\frac{7}{10}+2\frac{3}{10}=-1\frac{7}{10}+1\frac{13}{10}$

$=\frac{6}{10}=\frac{3}{5}$

2 答 (1) $2\frac{7}{8}$ (2) $1\frac{2}{9}$ (3) $-1\frac{1}{10}$ (4) $-1\frac{3}{14}$ (5) $-\frac{3}{8}$ (6) $2\frac{5}{12}$

考え方

(5) $-3\frac{1}{8}+2\frac{3}{4}=-3\frac{1}{8}+2\frac{6}{8}$

$=-2\frac{9}{8}+2\frac{6}{8}=-\frac{3}{8}$

3 答 (1) $3\frac{5}{6}$ (2) $-1\frac{1}{2}$

(3) $-3\frac{7}{10}$ (4) $-1\frac{1}{2}$ (5) $4\frac{1}{8}$

(6) $-2\frac{5}{9}$ (7) $-\frac{1}{5}$ (8) $4\frac{1}{4}$

(9) $-\frac{1}{3}$ (10) $\frac{8}{9}$

11 正の数・負の数の加法・減法⑪ P.24-25

1 答 (1) 4 (2) -3 (3) 5

(4) $\frac{5}{12}$ (5) $\frac{5}{16}$ (6) $-\frac{1}{12}$

(7) $-\frac{2}{3}$ (8) 0 (9) $-\frac{5}{24}$

(10) $-\frac{1}{8}$

考え方

(1) $2+5-3=7-3=4$

(2) $2+3-8=5-8=-3$

(3) $2-5+8=10-5=5$

(4) $\frac{1}{2}-\frac{1}{3}+\frac{1}{4}=\frac{6}{12}-\frac{4}{12}+\frac{3}{12}$

$=\frac{\boxed{9}}{12}-\frac{4}{12}=\frac{\boxed{5}}{12}$

(7) $\frac{1}{6}-\frac{1}{2}-\frac{1}{3}=\frac{1}{6}-\frac{3}{6}-\frac{2}{6}$

$=\frac{1}{6}-\frac{5}{6}=-\frac{4}{6}=-\frac{2}{3}$

(9) $-\frac{1}{6}-\frac{3}{8}+\frac{1}{3}$

$=-\frac{4}{24}-\frac{9}{24}+\frac{8}{24}$

$=-\frac{13}{24}+\frac{8}{24}=-\frac{5}{24}$

2 答 (1) $-\frac{1}{3}$ (2) 0 (3) $-\frac{2}{3}$

(4) $\frac{5}{3}$ (5) $-\frac{1}{3}$ (6) 0

(7) $-\frac{7}{18}$ (8) $\frac{17}{36}$ (9) $-2\frac{3}{8}$

(10) $-\frac{29}{60}$

★(4)は帯分数で答えてもよい。

考え方

(2) $\left(-\frac{1}{2}\right)+\left(+\frac{1}{3}\right)-\left(-\frac{1}{6}\right)$

$=-\frac{1}{2}+\frac{1}{3}+\frac{1}{6}=-\frac{3}{6}+\frac{2}{6}+\frac{1}{6}$

$=0$

(3) $\left(-\frac{5}{6}\right)-\left(-\frac{1}{2}\right)-\left(+\frac{1}{3}\right)$

$=-\frac{5}{6}+\frac{1}{2}-\frac{1}{3}=-\frac{5}{6}+\frac{3}{6}-\frac{2}{6}$

$=-\frac{4}{6}=-\frac{2}{3}$

(7) $\left(+\frac{5}{6}\right)+\left(-\frac{2}{3}\right)+\left(-\frac{5}{9}\right)$

$=\frac{5}{6}-\frac{2}{3}-\frac{5}{9}=\frac{15}{18}-\frac{12}{18}-\frac{10}{18}$

$=-\frac{7}{18}$

(8) $\left(-\frac{7}{9}\right)-\left(-1\frac{5}{6}\right)+\left(-\frac{7}{12}\right)$

$=-\frac{7}{9}+1\frac{5}{6}-\frac{7}{12}$

$=-\frac{28}{36}+1\frac{30}{36}-\frac{21}{36}$

$=-\frac{49}{36}+1\frac{30}{36}$

$=-1\frac{13}{36}+1\frac{30}{36}=\frac{17}{36}$

(9) $\left(+\frac{3}{8}\right)-\left(+2\frac{1}{3}\right)-\left(+\frac{5}{12}\right)$

$=\frac{3}{8}-2\frac{1}{3}-\frac{5}{12}$

$=\frac{9}{24}-2\frac{8}{24}-\frac{10}{24}$

$=\frac{9}{24}-2\frac{18}{24}$

$=-2\frac{9}{24}=-2\frac{3}{8}$

(10) $\left(-1\frac{5}{6}\right)+\left(-1\frac{3}{4}\right)-\left(-3\frac{1}{10}\right)$

$=-1\frac{5}{6}-1\frac{3}{4}+3\frac{1}{10}$

$=-1\frac{50}{60}-1\frac{45}{60}+3\frac{6}{60}$

$=-2\frac{95}{60}+3\frac{6}{60}$

$=-3\frac{35}{60}+3\frac{6}{60}=-\frac{29}{60}$

12 正の数・負の数の乗法① P.26-27

1 答 (1) $+24$　(2) -24　(3) $+24$
(4) -24　(5) -24　(6) $+24$
(7) $+40$　(8) -54　(9) -15
(10) $+64$
★＋の符号はなくてもよい。

2 答 (1) 0　(2) 0　(3) 0
(4) 0

3 答 (1) -63　(2) 63　(3) -48
(4) -48　(5) -65　(6) -65
(7) 0.68　(8) -0.68

考え方
(3) $12\times(-4)=-(12\times4)=-48$
(4) $(-12)\times4=-(12\times4)=-48$
(7) $(+3.4)\times(+0.2)$
$=+(3.4\times0.2)=0.68$
(8) $(-3.4)\times0.2=-(3.4\times0.2)$
$=-0.68$

4 答 (1) $-\frac{5}{8}$　(2) $-\frac{5}{8}$　(3) $\frac{1}{6}$
(4) $-\frac{1}{6}$　(5) $-\frac{7}{2}$　(6) $\frac{7}{2}$
(7) $\frac{11}{12}$　(8) 0
★(5), (6)は帯分数で答えてもよい。

考え方
(3) $\left(-\frac{4}{9}\right)\times\left(-\frac{3}{8}\right)=+\left(\frac{\overset{1}{\cancel{4}}}{\underset{3}{\cancel{9}}}\times\frac{\overset{1}{\cancel{3}}}{\underset{2}{\cancel{8}}}\right)$
$=\frac{1}{6}$
(5) $\left(-\frac{7}{8}\right)\times4=-\left(\frac{7}{\underset{2}{\cancel{8}}}\times\overset{1}{\cancel{4}}\right)=-\frac{7}{2}$

13 正の数・負の数の乗法② P.28-29

1 答 (1) -30　(2) 30　(3) 30
(4) -20　(5) -48

考え方
(1) $(-3)\times(+2)\times(+5)$
$=(-6)\times(+5)=-30$
(4) $(-2)\times(-2)\times(-5)$
$=(+4)\times(-5)=-20$

2 答 (1) 30　(2) -30　(3) 120
(4) -120　(5) 64

考え方
(1) $(-2)\times(+3)\times(-5)$
$=+(2\times3\times5)=30$
(2) $(-2)\times(+3)\times(+5)$
$=-(2\times3\times5)=-30$
(3) $(-4)\times(+5)\times(-1)\times(+6)$
$=+(4\times5\times1\times6)=120$
(4) $(+4)\times(-5)\times(-1)\times(-6)$
$=-(4\times5\times1\times6)=-120$
(5) $(-1)\times(+8)\times(+8)\times(-1)$
$=+(1\times8\times8\times1)=64$

3 答 (1) -16　(2) 16　(3) 90
(4) -90　(5) -120　(6) 120
(7) 0　(8) $-\frac{1}{32}$　(9) $-\frac{1}{5}$
(10) $\frac{1}{6}$

考え方
(1) $(-2)\times(-2)\times(-2)\times(+2)$
$=-(2\times2\times2\times2)=-16$
(3) $(-1)\times6\times(-5)\times3$
$=+(1\times6\times5\times3)=90$
(7) $(-7)\times(+3)\times0\times(-8)$
$=+(7\times3\times0\times8)=0$
(9) $\left(+\frac{1}{2}\right)\times\left(-\frac{2}{3}\right)\times\left(-\frac{3}{4}\right)\times\left(-\frac{4}{5}\right)$
$=-\left(\frac{1}{\underset{1}{\cancel{2}}}\times\frac{\overset{1}{\cancel{2}}}{\underset{1}{\cancel{3}}}\times\frac{\overset{1}{\cancel{3}}}{\underset{1}{\cancel{4}}}\times\frac{\overset{1}{\cancel{4}}}{5}\right)=-\frac{1}{5}$

14 正の数・負の数の乗法③ P.30-31

1 答 (1) 3^2　(2) 4^3　(3) $(-6)^2$
(4) $(-1)^3$　(5) $\left(\frac{1}{3}\right)^3$　(6) $\left(-\frac{1}{4}\right)^2$

2 答 (1) 4　(2) 8　(3) 16
(4) 32　(5) 9　(6) 27

考え方
(5) $3^2=3\times3=9$
(6) $3^3=3\times3\times3=27$

3 答 (1) 4　(2) -8　(3) 9
(4) -125　(5) $-\frac{1}{8}$　(6) $-\frac{8}{27}$
(7) 0.25　(8) 2.25　(9) -0.001

考え方

(3) $(-3)^2=(-3)\times(-3)=9$

(4) $(-5)^3=(-5)\times(-5)\times(-5)$
$=-125$

(5) $\left(-\frac{1}{2}\right)^3$
$=\left(-\frac{1}{2}\right)\times\left(-\frac{1}{2}\right)\times\left(-\frac{1}{2}\right)$
$=-\frac{1}{8}$

(6) $\left(-\frac{2}{3}\right)^3$
$=\left(-\frac{2}{3}\right)\times\left(-\frac{2}{3}\right)\times\left(-\frac{2}{3}\right)$
$=-\frac{8}{27}$

(7) $(-0.5)^2=(-0.5)\times(-0.5)$
$=0.25$

(8) $(-1.5)^2=(-1.5)\times(-1.5)$
$=2.25$

(9) $(-0.1)^3$
$=(-0.1)\times(-0.1)\times(-0.1)$
$=-0.001$

4 答 (1) 9　(2) 11　(3) 13
(4) 15　(5) 56　(6) -23
(7) 189

考え方

(2) $6^2-5^2=36-25=11$

(5) $4^3-2^3=64-8=56$

(6) $(-3)^3+(-2)^2=-27+4=-23$

(7) $4^3-(-5)^3=64-(-125)$
$=64+125=189$

15 正の数・負の数の乗法④ P.32-33

1 答 (1) 1　(2) -1　(3) -6
(4) -5

考え方

(2) $-(-1)^2=(-1)\times(-1)^2$
$=(-1)^3=-1$

(3) $(-1)^7\times6=(-1)\times6=-6$

(4) $-(-1)^4\times5=(-1)\times(-1)^4\times5$
$=(-1)^5\times5=(-1)\times5=-5$

2 答 (1) 16　(2) -16　(3) 81
(4) -81　(5) 16　(6) -16

考え方

(3) $(-9)^2=(-9)\times(-9)=81$

(4) $-9^2=-(9\times9)=-81$

(5) $(-2)^4$
$=(-2)\times(-2)\times(-2)\times(-2)$
$=16$

(6) $-2^4=-(2\times2\times2\times2)=-16$

3 答 (1) 12　(2) 36　(3) 36
(4) 36　(5) 36　(6) 25

4 答 (1) -36　(2) 36　(3) -36
(4) -36　(5) -72　(6) -36
(7) $\frac{1}{36}$　(8) $-\frac{1}{36}$　(9) $-\frac{1}{72}$
(10) $\frac{1}{108}$

考え方

(1) $-2^2\times3^2=-4\times9=-36$

(2) $(-2)^2\times(-3)^2=4\times9=36$

(3) $-(3\times2)^2=-6^2=-36$

(4) $-(-2)^2\times(-3)^2=-4\times9$
$=-36$

16 正の数・負の数の除法① P.34-35

1 答 (1) $+4$　(2) -4　(3) -4
(4) $+4$　(5) -5　(6) $+5$
(7) -9　(8) $+5$

★＋の符号はなくてもよい。

2 答 (1) -6　(2) 8　(3) 0
(4) -12

3 答 (1) $\frac{8}{3}$　(2) $-\frac{1}{3}$　(3) $-\frac{12}{5}$
(4) $-\frac{2}{7}$　(5) -1　(6) 5

考え方

(1) $\frac{3}{8}\times\frac{8}{3}=1$

(2) $(-3)\times\left(-\frac{1}{3}\right)=1$

(5) $(-1)\times(-1)=1$

(6) $0.2=\frac{1}{5}$ だから，$\frac{1}{5}\times5=1$

4 答 (1) -16　(2) -18　(3) $\frac{1}{6}$
(4) $-\frac{6}{5}$　(5) $\frac{3}{7}$　(6) -9
(7) -2　(8) $\frac{5}{8}$

★(4)は帯分数で答えてもよい。

考え方

(2) $6\div\left(-\frac{1}{3}\right)=-\left(6\times\frac{3}{1}\right)=-18$

(3) $\left(-\frac{1}{3}\right)\div(-2)=+\left(\frac{1}{3}\times\frac{1}{2}\right)$

$=\frac{1}{6}$

(4) $\left(-\frac{2}{5}\right)\div\left(+\frac{1}{3}\right)=-\left(\frac{2}{5}\times\frac{3}{1}\right)$

$=-\frac{6}{5}$

(6) $(+8)\div\left(-\frac{8}{9}\right)=-\left(8\times\frac{9}{8}\right)$

$=-9$

(8) $\left(-\frac{11}{36}\right)\div\left(-\frac{22}{45}\right)$

$=+\left(\frac{11}{36}\times\frac{45}{22}\right)=\frac{5}{8}$

17 正の数・負の数の除法② P.36-37

1 答 (1) -2　(2) $\frac{1}{2}$　(3) $\frac{1}{18}$

(4) 0　(5) 5　(6) -18

(7) 3　(8) $-\frac{3}{2}$

★(8)は帯分数で答えてもよい。

考え方

(1) $(-4)\times(-3)\div(-6)$

$=(-4)\times(-3)\times\left(-\frac{1}{6}\right)$

$=-\left(4\times3\times\frac{1}{6}\right)=-2$

(7) $\frac{3}{4}\times\left(-\frac{2}{5}\right)\div\left(-\frac{1}{10}\right)$

$=\frac{3}{4}\times\left(-\frac{2}{5}\right)\times\left(-\frac{10}{1}\right)$

$=+\left(\frac{3}{4}\times\frac{2}{5}\times\frac{10}{1}\right)=3$

(8) $\left(-\frac{5}{12}\right)\div\left(-\frac{1}{3}\right)\div\left(-\frac{5}{6}\right)$

$=\left(-\frac{5}{12}\right)\times\left(-\frac{3}{1}\right)\times\left(-\frac{6}{5}\right)$

$=-\left(\frac{5}{12}\times\frac{3}{1}\times\frac{6}{5}\right)=-\frac{3}{2}$

2 答 (1) $-\frac{1}{4}$　(2) $\frac{81}{16}$

(3) $-\frac{16}{3}$　(4) 1　(5) $-\frac{3}{5}$

(6) $\frac{1}{4}$　(7) $\frac{1}{2}$　(8) $-\frac{1}{5}$

(9) $\frac{3}{25}$　(10) $-\frac{5}{6}$

★(2)，(3)は帯分数で答えてもよい。

考え方

(2) $\left(-\frac{3}{5}\right)\div\frac{8}{15}\div\left(-\frac{2}{9}\right)$

$=+\left(\frac{3}{5}\times\frac{15}{8}\times\frac{9}{2}\right)=\frac{81}{16}$

(4) $\left(-\frac{5}{12}\right)\div\frac{3}{8}\times\left(-\frac{9}{10}\right)$

$=+\left(\frac{5}{12}\times\frac{8}{3}\times\frac{9}{10}\right)=1$

(6) $-\frac{3}{5}\div\left\{\left(-\frac{8}{15}\right)\div\frac{2}{9}\right\}$

$=-\frac{3}{5}\div\left\{\left(-\frac{8}{15}\right)\times\frac{9}{2}\right\}$

$=-\frac{3}{5}\div\left(-\frac{12}{5}\right)=+\left(\frac{3}{5}\times\frac{5}{12}\right)$

$=\frac{1}{4}$

(7) $\{(-3)\div(-4)\}\times\{(-6)\div(-9)\}$

$=\frac{3}{4}\times\frac{6}{9}=\frac{1}{2}$

(10) $(-5)\times\frac{21}{40}\div(-7)\div\left(-\frac{9}{20}\right)$

$=-\left(5\times\frac{21}{40}\times\frac{1}{7}\times\frac{20}{9}\right)$

$=-\frac{5}{6}$

18 正の数・負の数の除法③ P.38-39

1 答 (1) 4　(2) 4　(3) $\frac{1}{8}$

(4) 1　(5) $\frac{27}{2}$　(6) $\frac{32}{9}$

(7) 4　(8) 4　(9) 1

(10) 8　(11) 16　(12) $-\frac{9}{2}$

(13) $-\frac{3}{4}$　(14) 125

★(5)，(6)，(12)は帯分数で答えてもよい。

考え方

(2) $2^6\div2^4=\frac{2\times2\times2\times2\times2\times2}{2\times2\times2\times2}=4$

(5) $6^3\div2^4=\frac{6\times6\times6}{2\times2\times2\times2}=\frac{27}{2}$

(7) $(-2)^3\div(-2)$

$=\frac{(-2)\times(-2)\times(-2)}{(-2)}=4$

(13) $(-3)^3\div(-6)^2$

$=\frac{(-3)\times(-3)\times(-3)}{(-6)\times(-6)}=-\frac{3}{4}$

答 (1) -3　(2) 27　(3) -16
(4) 16　(5) $\frac{16}{9}$　(6) $-\frac{16}{9}$
(7) 3　(8) 36　(9) 8
(10) $\frac{2}{3}$　(11) 9　(12) -3

★(5), (6)は帯分数で答えてもよい。

考え方

(1) $(-3^4)\div3^3$
$=\frac{-(3\times3\times3\times3)}{3\times3\times3}=-3$

(11) $(-3^2)\div(-2)^2\times(-4)$
$=\frac{-(3\times3)\times(-4)}{(-2)\times(-2)}$
$=\frac{(-9)\times(-4)}{4}=9$

(12) $(-3)^3\div(-6)^2\times2^2$
$=\frac{(-3)\times(-3)\times(-3)\times2\times2}{(-6)\times(-6)}$
$=\frac{(-3)\times(-6)\times(-6)}{(-6)\times(-6)}=-3$

19 正の数・負の数の四則① P.40-41

1 答 (1) -7　(2) -1　(3) -16
(4) 4　(5) 0　(6) -8

考え方

(1) $(-4)\times(+3)-(-5)$
$=-12+\boxed{5}=-7$
(2) $(-3)\times(+2)+5=-6+5=-1$
(3) $5\times(-2)-6=-10-6=-16$
(4) $(-5)\times(-2)-6=10-6=4$
(5) $-12+(-3)\times(-4)$
$=-12+\boxed{12}=0$
(6) $7-(-3)\times(-5)=7-15=-8$

答 (1) -30　(2) 0　(3) -37
(4) -37

考え方

(1) $9\times(-4)-(-2)\times3=-36+6$
$=-30$
(2) $3\times(-6)-9\times(-2)=-18+18$
$=0$

答 (1) -9　(2) -7　(3) 1
(4) 0　(5) -11　(6) 9
(7) -7　(8) 12

考え方

(1) $(-12)\div(+3)-5=-4-\boxed{5}$
$=-9$
(2) $16\div(-4)-3=-4-3=-7$
(5) $-15+(-8)\div(-2)=-15+4$
$=-11$
(6) $12-(-18)\div(-6)=12-3=9$
(7) $-5-(-14)\div(-7)=-5-2$
$=-7$

4 答 (1) 7　(2) 0　(3) -13
(4) 2

考え方

(1) $(-15)\div3-(-24)\div2$
$=-5+12=7$
(2) $(-24)\div8-(-15)\div5=-3+3$
$=0$
(3) $18\div(-3)+28\div(-4)=-6-7$
$=-13$
(4) $18\div(-9)-32\div(-8)=-2+4$
$=2$

20 正の数・負の数の四則② P.42-43

1 答 (1) $\frac{1}{27}$　(2) $-\frac{9}{8}$　(3) -1
(4) $-\frac{14}{5}$　(5) $-\frac{7}{3}$　(6) $-\frac{1}{3}$
(7) $-\frac{7}{6}$　(8) $-\frac{11}{6}$　(9) $-\frac{3}{20}$
(10) $-\frac{8}{45}$

★(2), (4), (5), (7), (8)は帯分数で答えてもよい。

考え方

(1) $\left(-\frac{2}{3}\right)\times\left(-\frac{4}{9}\right)-\frac{7}{27}$
$=\frac{\boxed{8}}{27}-\frac{7}{27}=\frac{1}{27}$

(3) $\left(-\frac{1}{2}\right)\times\left(-\frac{3}{5}\right)-1.3$
$=\frac{3}{10}-\frac{13}{10}=-\frac{10}{10}=-1$

(4) $-3+\left(-\frac{2}{3}\right)\times\left(-\frac{3}{10}\right)$
$=-3+\frac{1}{5}=-\frac{14}{5}$

(6) $\frac{5}{6}\times\left(-\frac{2}{3}\right)+\left(-\frac{1}{9}\right)\times(-2)$
$=-\frac{5}{9}+\frac{2}{9}=-\frac{3}{9}=-\frac{1}{3}$

考え方

(10) $\frac{3}{5}\times\frac{10}{27}-\left(-\frac{5}{12}\right)\times\left(-\frac{24}{25}\right)$
$=\frac{2}{9}-\frac{2}{5}=\frac{10}{45}-\frac{18}{45}=-\frac{8}{45}$

2 答 (1) $-\frac{1}{2}$　(2) $-\frac{5}{3}$　(3) -3

(4) $-\frac{11}{6}$　(5) $-\frac{2}{3}$　(6) $-\frac{3}{5}$

(7) $-\frac{7}{9}$　(8) $\frac{26}{9}$　(9) $-\frac{27}{20}$

(10) $-\frac{19}{10}$

★(2), (4), (8), (9), (10)は帯分数で答えてもよい。

考え方

(1) $\left(-\frac{1}{5}\right)\div\frac{4}{15}+\frac{1}{4}$
$=-\frac{1}{5}\times\frac{15}{4}+\frac{1}{4}=-\frac{\boxed{3}}{4}+\frac{1}{4}$
$=-\frac{2}{4}=-\frac{1}{2}$

(2) $\left(-\frac{5}{8}\right)\div\frac{3}{4}-\frac{5}{6}$
$=-\frac{5}{8}\times\frac{4}{3}-\frac{5}{6}=-\frac{5}{6}-\frac{5}{6}$
$=-\frac{10}{6}=-\frac{5}{3}$

(3) $-3.5\div\frac{7}{10}+2=-\frac{35}{10}\times\frac{10}{7}+2$
$=-5+2=-3$

(5) $\frac{2}{3}\div\left(-\frac{1}{2}\right)-\frac{1}{4}\div\left(-\frac{3}{8}\right)$
$=-\frac{2}{3}\times\frac{2}{1}+\frac{1}{4}\times\frac{8}{3}$
$=-\frac{4}{3}+\frac{2}{3}=-\frac{2}{3}$

(9) $\frac{1}{5}\times\frac{3}{4}-\left(-\frac{2}{7}\right)\div\left(-\frac{4}{21}\right)$
$=\frac{1}{5}\times\frac{3}{4}-\frac{2}{7}\times\frac{21}{4}=\frac{3}{20}-\frac{3}{2}$
$=\frac{3}{20}-\frac{30}{20}=-\frac{27}{20}$

(10) $\frac{4}{7}\div\left(-\frac{8}{21}\right)-\frac{5}{11}\times0.88$
$=-\frac{4}{7}\times\frac{21}{8}-\frac{5}{11}\times\frac{88}{100}$
$=-\frac{3}{2}-\frac{2}{5}=-\frac{15}{10}-\frac{4}{10}$
$=-\frac{19}{10}$

21 正の数・負の数の四則③ P.44-45

1 答 (1) 3　(2) -2　(3) $-\frac{1}{2}$

(4) -4　(5) -45　(6) -3

考え方

(1) $-9+(15-11)\times3$
$=-9+\boxed{4}\times3=-9+12=3$

(2) $-8-(5-17)\div2$
$=-8-(-12)\div2=-8-(-6)$
$=-8+6=-2$

(3) $(14-8)\div(-3-9)=6\div(-12)$
$=-\frac{1}{2}$

(4) $3\div(13-7)\times(-8)$
$=3\div6\times(-8)$
$=3\times\frac{1}{6}\times(-8)=-4$

2 答 (1) 1　(2) 16

考え方

(1) $\left(\frac{1}{4}-\frac{1}{3}\right)\times(-12)$
$=\frac{1}{4}\times(-12)-\frac{1}{3}\times(\boxed{-12})$
$=-3+4=1$

3 答 (1) -7　(2) 24　(3) $\frac{3}{2}$

(4) -100

★(3)は帯分数で答えてもよい。

考え方

(1) $(-3)\times5-(-2)^3$
$=-15-(-8)=-15+8=-7$

(2) $6-(-3)^2\times(-2)$
$=6-9\times(-2)=6+18=24$

(3) $3\times(-1)^2-3^3\div18$
$=3\times1-27\div18=3-\frac{3}{2}=\frac{3}{2}$

(4) $\{4-(-4)\times(-2)^2\}\times(-5)$
$=\{4-(-4)\times4\}\times(-5)$
$=(4+16)\times(-5)=20\times(-5)$
$=-100$

4 答 (1) $-\frac{9}{20}$　(2) 1　(3) $-\frac{1}{5}$

(4) $\frac{7}{4}$　(5) $-\frac{7}{12}$

★(4)は帯分数で答えてもよい。

考え方

(1) $\frac{3}{4}\times\frac{1}{2}-\frac{3}{5}\div3-\frac{5}{8}$

$=\frac{3}{8}-\frac{1}{5}-\frac{5}{8}=\frac{15}{40}-\frac{8}{40}-\frac{25}{40}$

$=-\frac{18}{40}=-\frac{9}{20}$

(2) $-0.7+1.8\times\frac{2}{3}-\frac{3}{4}\times\left(-\frac{2}{3}\right)$

$=-\frac{7}{10}+\frac{18}{10}\times\frac{2}{3}+\frac{1}{2}$

$=-\frac{7}{10}+\frac{6}{5}+\frac{1}{2}$

$=-\frac{7}{10}+\frac{12}{10}+\frac{5}{10}=\frac{10}{10}=1$

(5) $\frac{7}{12}\times\left(-\frac{1}{8}\right)+\frac{7}{12}\times\left(-\frac{7}{8}\right)$

$=\frac{7}{12}\times\left(-\frac{1}{8}-\frac{7}{8}\right)=-\frac{7}{12}$

22 素因数分解 P.46-47

1 答 (1) $2^2\times5$　(2) 2^5
(3) $3^2\times7$　(4) $2^3\times3^2$
(5) $2\times3^2\times5$　(6) $2\times3^2\times7$

考え方

答えが素数だけの積の形になっているかを，確かめよう。

(1) 2) 20, 2) 10, 5

(3) 3) 63, 3) 21, 7

(5) 2) 90, 3) 45, 3) 15, 5

(6) 2) 126, 3) 63, 3) 21, 7

2 答 (1) $2\times3\times5^2$
(2) $2^2\times3\times5\times7$

考え方

(1) 2) 150, 3) 75, 5) 25, 5

(2) 2) 420, 2) 210, 3) 105, 5) 35, 7

3 答 (1) 2×5　**約数：1，2，5，10**
(2) $2^3\times3$　**約数：1，2，3，4，6，8，12，24**

4 答 (1) 5　(2) 6　(3) 3

考え方

(1) $45=3^2\times5$
　これをある自然数の 2 乗にするためには，45に5をかけて
　$45\times5=3^2\times5^2=(3\times5)^2$
とすればよい。

(2) $96=2^5\times3=2^4\times2\times3$

(3) $108=2^2\times3^3=(2\times3)^2\times3$

23 正の数・負の数のまとめ P.48-49

1 答 (1) -21　(2) 13　(3) 20
(4) -33　(5) -3.6　(6) -4.1
(7) $\frac{1}{12}$　(8) $-\frac{19}{18}$

★(8)は帯分数で答えてもよい。

考え方

(3) $4-(-16)=4+16=20$

(7) $\frac{3}{4}+\left(-\frac{2}{3}\right)=\frac{3}{4}-\frac{2}{3}$

$=\frac{9}{12}-\frac{8}{12}=\frac{1}{12}$

2 答 (1) -72　(2) 126　(3) -8
(4) -0.49　(5) 7　(6) $-\frac{4}{3}$

★(6)は帯分数で答えてもよい。

考え方

(4) $-0.7^2=-(0.7\times0.7)=-0.49$

(6) $\frac{8}{9}\div\left(-\frac{2}{3}\right)=\frac{8}{9}\times\left(-\frac{3}{2}\right)$

$=-\left(\frac{8}{9}\times\frac{3}{2}\right)=-\frac{4}{3}$

3 答 (1) -6　(2) 6　(3) $-\frac{1}{30}$
(4) $-\frac{11}{4}$

★(4)は帯分数で答えてもよい。

考え方

(2) $16-(-3)-11+(-2)$
$=16+3-11-2=6$

(4) $-\frac{3}{4}+\left(-\frac{2}{3}\right)-\frac{5}{6}-\frac{1}{2}$

$=-\frac{3}{4}-\frac{2}{3}-\frac{5}{6}-\frac{1}{2}$

$=-\frac{9}{12}-\frac{8}{12}-\frac{10}{12}-\frac{6}{12}$

$=-\frac{33}{12}=-\frac{11}{4}$

4 答 (1) -3　(2) 12　(3) -10
(4) -1　(5) -9　(6) -2
(7) $\frac{11}{12}$　(8) -8

考え方
(2) $(-4)^2\div(-2)^3\times(-6)$
$=16\div(-8)\times(-6)$
$=(-2)\times(-6)=12$
(3) $4\times(-7)-(-3)\times6$
$=-28-(-18)$
$=-28+18=-10$
(5) $-11-(4-18)\div7$
$=-11-(-14)\div7$
$=-11-(-2)$
$=-11+2=-9$
(7) $\left(-\frac{5}{9}\right)\times\frac{3}{4}+\left(-\frac{2}{5}\right)\div\left(-\frac{3}{10}\right)$
$=-\frac{5}{9}\times\frac{3}{4}+\frac{2}{5}\times\frac{10}{3}$
$=-\frac{5}{12}+\frac{4}{3}=-\frac{5}{12}+\frac{16}{12}=\frac{11}{12}$

5 答 7

考え方
$112=2^4\times7$ だから，
$112\times7=2^4\times7\times7$
$=2^4\times7^2=(2^2\times7)^2$

24 文字を使った式① P.50-51

1 答 (1) $70-a$(ページ)
(2) $80+x$(点)　(3) $10-x$(m)
(4) $x+5$(歳)　(5) $b-a$(ページ)
(6) $m+n$(点)　(7) $y-x$(脚)
(8) $120\times x$(円)　(9) $80\times a$(円)
(10) $250\times y$(g)　(11) $50\times n$(円)
(12) $80\times x+200$(g)
(13) $120\times m+200$(円)
(14) $1000-a\times4$(円)
(15) $20-y\times6$(本)
(16) $x\times3+100\times2$(円)
(17) $x\times5+y\times3$(円)
(18) $500-20\times n$(ページ)
(19) $100\times a+50\times b$(円)
(20) $100\times x+10\times y+1\times z$(円)

25 文字を使った式② P.52-53

1 答 (1) xy　(2) abc
(3) $9y$　(4) $4ab$
(5) $5a+2b$　(6) $3(n-6)$

2 答 (1) x　(2) $-y$
(3) $-3a+b$　(4) $-a+y$
(5) $5-0.1x$　(6) $-0.3m+0.1n$

考え方
(4) $-1a+1y$ ではない。
(5) $0.1\times x$ は $0.1x$ と書く。$0.x$ とは書かない。

3 答 (1) x^2　(2) y^5　(3) $3m^2$
(4) $-4a^3$　(5) $(x+y)^2$
(6) $(a-2)^2$　(7) $(m+n)^3$
(8) x^2y^3　(9) $4mn^2$
(10) $12a^2b$　(11) $-5xy^2$
(12) $-3ab^2c^3$　(13) $-5x^2yz$
(14) $2x^2+7ab$　(15) $-3x^2-2y^2z$

考え方
(9)～(13)では，わかりにくいときは，数は数で文字は文字で集めて並べてみる。
(9) $m\times n\times4\times n=4\times m\times n\times n$
$=4mn^2$
(10) $3\times a\times a\times4\times b=3\times4\times a\times a\times b$
$=12a^2b$
(13) 数の部分は $(-1)\times5=-5$
文字の部分は $x\times x\times y\times z=x^2yz$

26 文字を使った式③ P.54-55

1 答 (1) $\frac{a}{4}$　(2) $\frac{3}{x}$　(3) $\frac{x}{y}$
(4) $\frac{2a}{5}$　(5) $\frac{5m}{2}$　(6) $-\frac{b}{3}$
(7) $-\frac{b}{4}$　(8) $-\frac{5x}{3}$　(9) $-\frac{4y}{9}$
(10) $-\frac{10}{c}$　(11) $\frac{x+y}{6}$　(12) $\frac{3}{a-b}$
(13) $-\frac{a+b}{4}$　(14) $\frac{3(x-y)}{5}$

考え方
(1)，(4)～(9)，(11)，(13)，(14)は，次のようにしてもよい。
(1) $\frac{1}{4}a$　(4) $\frac{2}{5}a$　(5) $\frac{5}{2}m$
(6) $-\frac{1}{3}b$　(7) $-\frac{1}{4}b$

考え方

(8) $-\frac{5}{3}x$　(9) $-\frac{4}{9}y$

(11) $\frac{1}{6}(x+y)$　(13) $-\frac{1}{4}(a+b)$

(14) $\frac{3}{5}(x-y)$

2 答 (1) $4x+\frac{y}{3}$　(2) $\frac{b}{10}-3a$

(3) $40x+100y$　(4) $50-20n$

(5) $10a-\frac{5}{b}$　(6) $m^2-\frac{a}{b}$

(7) $\frac{a^2b}{4}$　(8) $2a^2b$

(9) $\frac{3}{a}-b^2c$　(10) $\frac{3}{x}-\frac{5}{y}$

(11) $5(x+y)-\frac{z}{2}$　(12) $\frac{a-b}{5}-3c$

(13) $5(m-n)+\frac{m+n}{5}$

(14) $\frac{x+y}{4}+3(x-y)$

(15) $-5ab-\frac{a-b}{2}$　(16) $\frac{x-y}{6}-\frac{9}{y+z}$

27 文字を使った式④ P.56-57

1 答 (1) $3a$(cm)　(2) $\frac{y}{12}$(g)

(3) $50m$(円)　(4) $\frac{20}{a}$(時間)

(5) $250x+30$(g)　(6) $1000-5x$(円)

(7) $600-30n$(ページ)

(8) $60a+120b$(円)

(9) $100a+10b+c$(円)

考え方

(1) (正三角形の周りの長さ)
　=3×(1辺の長さ)

(4) (時間)=(道のり)÷(速さ)

2 答 (1) $20x$ cm²　(2) $(a+25)$cm

(3) x^2 cm²　(4) xyz cm³

(5) $\frac{ab}{2}$ cm²

(6) 毎時$\frac{a}{5}$kmまたは$\frac{a}{5}$km/h

(7) $\frac{a+b}{2}$点　(8) $\frac{x+y+z}{3}$点

(9) $(6m+8)$個　(10) $(x-2y)$km

(11) $\left(\frac{a}{4}+\frac{8-a}{5}\right)$時間

考え方

(4) (直方体の体積)
　=(縦)×(横)×(高さ)

(6) (速さ)=(道のり)÷(時間)

(7), (8) (テストの平均点)

$$=\frac{(\text{テストの点数の合計})}{(\text{テストの回数})}$$

(11) 時速5kmで歩いた道のりは
　$(8-a)$kmである。

28 文字を使った式⑤ P.58-59

1 答 (1) $100\times7+10\times4+5$

(2) $10\times5+9$

(3) $1000\times2+100\times4+10\times1+8$

(4) $10\times x+y$　$(10x+y)$

(5) $100\times a+10\times b+c$　$(100a+10b+c)$

2 答 (1) $2x+3y$　(2) $5(x-y)$

(3) $\frac{x+y}{3}$　(4) $3a-\frac{1}{5}b$

(5) $a-3b$　(6) $m-5n$

考え方

(6) (わられる数)
　=(わる数)×(商)+(余り)より,
　(余り)
　=(わられる数)−(わる数)×(商)

3 答 (1) 300cm　(2) 30cm

(3) 250cm　(4) 1500cm

(5) 4m　(6) 0.01m

(7) 0.12m　(8) 15.3m

(9) 5000g　(10) 1350g

(11) 4.3kg　(12) 0.02kg

(13) 180分　(14) 30分

(15) 2時間

(16) $\frac{2}{5}$時間 (0.4時間)

考え方

(1)〜(8) 1m=100cm

(9)〜(12) 1kg=1000g

(16) 1時間=60分であるから
　24分=$\frac{24}{60}$時間=$\frac{2}{5}$時間

4 答 (1) $100a$cm　(2) $1000x$g

(3) $60m$分　(4) $1000y$mL

(5) $0.01x$m $\left(\frac{x}{100}\text{m}\right)$

(6) $\frac{a}{60}$時間

(7) $0.001m$ kg $\left(\dfrac{m}{1000}\text{kg}\right)$　(8) $\dfrac{x}{60}$分

(9) $0.1y$ cm $\left(\dfrac{y}{10}\text{cm}\right)$

(10) $0.001b$ L $\left(\dfrac{b}{1000}\text{L}\right)$

29 文字を使った式⑥ P.60-61

1 答 (1) 0.2　(2) 0.5　(3) 0.9
(4) 1　(5) 1.2　(6) $0.1a$
(7) 0.02　(8) 0.05　(9) 0.08
(10) 0.32　(11) 0.75

2 答 (1) 30 g　(2) $0.2x$ g
(3) 30 g　(4) $0.15y$ g
(5) $0.05x$ 円　(6) $0.25y$ km

考え方
(1) $100\times0.3=30$(g)
(2) $x\times0.2=0.2x$(g)
(3) $200\times0.15=30$(g)
(4) $y\times0.15=0.15y$(g)
(5) $x\times0.05=0.05x$(円)
(6) $y\times0.25=0.25y$(km)

3 答 (1) 0.4　(2) 0.35　(3) 1
(4) 1.2　(5) 0.025

4 答 (1) 30 g　(2) $0.3x$ g
(3) 50 m　(4) $0.12y$ m
(5) 80円　(6) $0.05x$ 円
(7) $0.95a$ L　(8) $1.2n$ 本
(9) $0.12y$ ページ　(10) $2a$ g

考え方
(2) $x\times0.3=0.3x$(g)
(4) $y\times0.12=0.12y$(m)
(6) $x\times0.05=0.05x$(円)
(7) $a\times0.95=0.95a$(L)
(8) 120%は1.2であるから
$n\times1.2=1.2n$(本)
(10) a %は$0.01a$であるから
$200\times0.01a=2a$(g)
★割合は分数で表すこともできる。

5 答 (1) $200+0.3a$(円)
(2) $x-0.2x$(円)または$0.8x$(円)
(3) $a-0.15a$(円)または$0.85a$(円)
(4) $m+0.5m$(個)または$1.5m$(個)
(5) $0.1a$(g)　(6) $x+3y$(g)
(7) $0.08x+0.12y$(g)

考え方
(5) 10%の食塩水 a gには，10%の食塩と90%の水が含まれている。
よって，$a\times0.1=0.1a$(g)
(6) $100\times0.01x+300\times0.01y$
$=x+3y$(g)
(7) $x\times0.08+y\times0.12$
$=0.08x+0.12y$(g)

30 式の値① P.62-63

1 答 (1) 7　(2) 7　(3) 12
(4) -15　(5) 7　(6) 7
(7) 10　(8) -2

考え方
(1) $a+4=3+4=7$
(3) $4a=4\times3=12$
(4) $-5a=-5\times3=-15$
(5) $2a+1=2\times3+1=7$
(8) $7-3a=7-3\times3=-2$

2 答 (1) 1　(2) -12　(3) 15
(4) -3　(5) 11　(6) -21

考え方
(1) $a+4=-3+4=1$
(3) $-5a=-5\times(-3)=15$
(4) $2a+3=2\times(-3)+3=-3$
(6) $5a-6=5\times(-3)-6=-21$

3 答 (1) -2　(2) -4
(3) $-\dfrac{9}{2}$　(4) $\dfrac{15}{4}$
★(3), (4)は帯分数で答えてもよい。

考え方
(1) $\dfrac{1}{3}x=\dfrac{1}{3}\times(-6)=-2$
(4) $-\dfrac{5}{8}x=-\dfrac{5}{8}\times(-6)=\dfrac{15}{4}$

4 答 (1) 4　(2) 4　(3) $\dfrac{3}{2}$
(4) -2　(5) $\dfrac{1}{2}$　(6) $\dfrac{1}{6}$
(7) $-\dfrac{1}{5}$
★(3)は帯分数で答えてもよい。

考え方
(4) $-4a=-4\times\dfrac{1}{2}=-2$
(5) $5a-2=5\times\dfrac{1}{2}-2=\dfrac{1}{2}$
(7) $-\dfrac{2}{5}a=-\dfrac{2}{5}\times\dfrac{1}{2}=-\dfrac{1}{5}$

5 答 (1) -1　(2) 1　(3) $\frac{1}{3}$

(4) $-\frac{1}{4}$　(5) $\frac{2}{7}$

考え方
(1) $3x=3\times\left(-\frac{1}{3}\right)=-1$
(3) $2x+1=2\times\left(-\frac{1}{3}\right)+1=\frac{1}{3}$
(5) $-\frac{6}{7}x=-\frac{6}{7}\times\left(-\frac{1}{3}\right)=\frac{2}{7}$

31 式の値②

P.64-65

1 答 (1) 4　(2) -8　(3) 8

(4) 20　(5) 12　(6) -4

(7) -8　(8) 4

考え方
(1) $a^2=(-2)^2=4$
(2) $a^3=(-2)^3=-8$
(6) $-a^2=-(-2)^2=-4$
(8) $(-a)^2=\{-(-2)\}^2=2^2=4$

2 答 (1) $\frac{1}{4}$　(2) $-\frac{1}{4}$　(3) $\frac{1}{4}$

(4) $-\frac{1}{4}$　(5) $\frac{1}{2}$　(6) $-\frac{1}{2}$

考え方
(1) $a^2=\left(\frac{1}{2}\right)^2=\frac{1}{4}$
(2) $-a^2=-\left(\frac{1}{2}\right)^2=-\frac{1}{4}$
(3) $(-a)^2=\left(-\frac{1}{2}\right)^2=\frac{1}{4}$
(4) $-(-a)^2=-\left(-\frac{1}{2}\right)^2=-\frac{1}{4}$

3 答 (1) $\frac{1}{2}$　(2) 1　(3) -1

(4) -3

考え方
(2) $\frac{2}{x}=\frac{2}{2}=1$
(4) $-\frac{6}{x}=-\frac{6}{2}=-3$

4 答 (1) $\frac{9}{5}$　(2) $\frac{1}{2}$　(3) $-\frac{7}{3}$

(4) $-\frac{17}{4}$　(5) 3　(6) $\frac{1}{6}$

(7) -7　(8) -8

★(1), (3), (4)は帯分数で答えてもよい。

考え方
(2) $\frac{2x-3}{18}=\frac{2\times6-3}{18}=\frac{1}{2}$
(4) $-\frac{3x-1}{4}=-\frac{3\times6-1}{4}=-\frac{17}{4}$
(6) $\frac{3}{2}-\frac{2}{9}x=\frac{3}{2}-\frac{2}{9}\times6=\frac{3}{2}-\frac{4}{3}$
$=\frac{1}{6}$
(7) $10\left(\frac{1}{2}-\frac{x}{5}\right)=10\left(\frac{1}{2}-\frac{6}{5}\right)$
$=10\times\frac{1}{2}-10\times\frac{6}{5}=5-12=-7$
(8) $-12\left(\frac{x}{4}-\frac{5}{6}\right)=-12\left(\frac{6}{4}-\frac{5}{6}\right)$
$=-12\times\frac{6}{4}-12\times\left(-\frac{5}{6}\right)=-18+10$
$=-8$

32 式の値③

P.66-67

1 答 (1) 26　(2) -2　(3) 26

(4) 2　(5) 6　(6) $\frac{13}{3}$

★(6)は帯分数で答えてもよい。

考え方
(1) $6a+4b=6\times3+4\times2=26$
(3) $2(3a+2b)=2(3\times3+2\times2)=26$
(5) $\frac{4a+6b}{4}=\frac{4\times3+6\times2}{4}=6$

2 答 (1) -10　(2) -14　(3) -26

(4) 0　(5) -7　(6) 7

考え方
(1) $6x+4y=6\times(-3)+4\times2=-10$
(3) $2(3x-2y)$
$=2\{3\times(\boxed{-3})-2\times\boxed{2}\}$
$=2(-9-4)=-26$
(5) $\frac{4x-y}{2}=\frac{4\times(-3)-2}{2}=-7$
(6) $-2x+\frac{y}{2}=-2\times(-3)+\frac{2}{2}=7$

3 答 (1) 7　(2) 35　(3) -6

(4) 73

考え方
(1) $x^2-y^2=4^2-3^2=16-9=7$
(2) $2x+3y^2=2\times4+3\times3^2=8+27$
$=35$
(3) $3x-2y^2=3\times4-2\times3^2=12-18$
$=-6$
(4) $x^3+y^2=4^3+3^2=64+9=73$

 答 (1) -18　(2) -13　(3) -15
(4) 14　(5) 8　(6) -52

考え方

(1) $3xy=3\times(-2)\times3=-18$
(2) $2x-y^2=2\times(-2)-3^2=-4-9$
$=-13$
(3) $2x+3y-4z$
$=2\times(-2)+3\times3-4\times5$
$=-4+9-20=-15$
(5) $5x-(4y-6z)$
$=5\times(-2)-(4\times3-6\times5)$
$=-10-(12-30)=-10-(-18)$
$=8$

33 式の計算① P.68-69

1 答 (1) 項…$3x$, $5y$
x の係数…3, y の係数…5
(2) 項…x, $-\frac{1}{4}y$
x の係数…1, y の係数…$-\frac{1}{4}$
(3) 項…$4a^2$, $-a$
a^2 の係数…4, a の係数…-1

2 答 (1) $4a$　(2) $5x$　(3) $5a$
(4) $6m$　(5) $7a$　(6) $12x$

3 答 (1) $5a$　(2) m　(3) x
(4) $-3a$　(5) $-a$　(6) 0
(7) $-8b$　(8) $-7x$

4 答 (1) $\frac{4}{5}x$　(2) $\frac{2}{5}x$　(3) $\frac{3}{7}a$
(4) $-\frac{7}{9}a$　(5) $\frac{1}{12}a$　(6) $-\frac{1}{10}x$

考え方

(5) $\frac{a}{3}-\frac{a}{4}=\frac{1}{3}a-\frac{1}{4}a$
$=\frac{4}{12}a-\frac{3}{12}a=\left(\frac{4}{12}-\frac{3}{12}\right)a$
$=\frac{1}{12}a$
(6) $\frac{x}{10}-\frac{x}{5}=\frac{1}{10}x-\frac{2}{10}x$
$=\left(\frac{1}{10}-\frac{2}{10}\right)x=-\frac{1}{10}x$

34 式の計算② P.70-71

1 答 (1) $4x$　(2) $-8x$　(3) $3a$
(4) $-5a$　(5) $3a$　(6) $-10x$

2 答 (1) $-\frac{5}{12}x$　(2) $\frac{1}{3}a$
(3) $\frac{11}{42}a$　(4) $-\frac{1}{90}x$

考え方

(1) $\frac{3}{4}x-\frac{2}{3}x-\frac{1}{2}x$
$=\left(\frac{9}{12}-\frac{8}{12}-\frac{6}{12}\right)x=-\frac{5}{12}x$
(2) $\frac{2}{3}a-\frac{5}{6}a+\frac{1}{2}a$
$=\left(\frac{4}{6}-\frac{5}{6}+\frac{3}{6}\right)a=\frac{2}{6}a=\frac{1}{3}a$
(3) $\frac{1}{2}a-\frac{2}{3}a+\frac{3}{7}a$
$=\left(\frac{21}{42}-\frac{28}{42}+\frac{18}{42}\right)a=\frac{11}{42}a$
(4) $\frac{2}{9}x+\frac{3}{5}x-\frac{5}{6}x$
$=\left(\frac{20}{90}+\frac{54}{90}-\frac{75}{90}\right)x=-\frac{1}{90}x$

3 答 (1) $\frac{7}{2}a$　(2) $\frac{7}{2}a$　(3) $\frac{3}{4}x$
(4) $-\frac{3}{2}x$　(5) $-a$　(6) $-\frac{11}{6}x$
(7) $\frac{21}{5}x$　(8) $\frac{3}{4}x$

考え方

(6) $\frac{x}{2}-\frac{7}{3}x=\frac{\boxed{3}}{6}x-\frac{\boxed{14}}{6}x$
$=\left(\frac{3}{6}-\frac{14}{6}\right)x=-\frac{11}{6}x$
(8) $\frac{2}{3}x-\frac{3}{4}x+\frac{5}{6}x$
$=\frac{8}{12}x-\frac{9}{12}x+\frac{10}{12}x$
$=\left(\frac{8}{12}-\frac{9}{12}+\frac{10}{12}\right)x=\frac{3}{4}x$

4 答 (1) $3x-2$　(2) $-3x-6$
(3) $3x+6$　(4) $-3x+2$
(5) $5x-\frac{1}{6}$　(6) $\frac{3}{4}x-\frac{5}{6}$

考え方

(5) $5x+\frac{1}{3}-\frac{1}{2}=5x+\frac{2}{6}-\frac{3}{6}$
$=5x-\frac{1}{6}$

35 式の計算③ P.72-73

1 答 (1) $-2x-5$　(2) $-8x-3$
(3) $10x+3$　(4) $-2x-7$
(5) $5x+5$　(6) $-12x-3$

考え方
(4) $-6x-5+4x-2$
$=-6x+4x-5-2=-2x-7$
(6) $-6-7x+3-5x$
$=-7x-5x-6+3=-12x-3$

2  (1) $-\frac{5}{6}x-9$　(2) $-\frac{1}{10}x+5$
(3) $-\frac{3}{28}x$　(4) $-\frac{4}{7}x-\frac{7}{12}$

考え方
(1) $-\frac{1}{2}x-4-\frac{1}{3}x-5$
$=-\frac{1}{2}x-\frac{1}{3}x-4-5=-\frac{5}{6}x-9$

  (1) $-$　(2) $+$　(3) $-$
(4) $+$

4 答 (1) $3x-4$　(2) $3x+4$
(3) $7x-4$　(4) $7x+4$
(5) $-7x-1$　(6) $x-1$
(7) $-2x+12$　(8) $2x-12$
(9) $8a-6$　(10) $4a$

考え方
(1) $5x-(2x+4)$
$=5x-2x-4=3x-4$
(2) $5x-(2x-4)$
$=5x-2x+4=3x+4$
(3) $5x-(-2x+4)$
$=5x+2x-4=7x-4$
(4) $5x-(-2x-4)$
$=5x+2x+4=7x+4$
(7) $7-(2x-5)=7-2x+5$
$=-2x+12$
(9) $6a-3-(-2a+3)$
$=6a-3+2a-3=8a-6$

36 式の計算④ P.74-75

1  (1) $7a+10$　(2) $3a+2$
(3) $7a+2$　(4) $3a+10$
(5) $-3x+2$　(6) $x-8$
(7) $2y+5$　(8) $7y-4$
(9) $\frac{1}{12}x-2$　(10) $-\frac{2}{15}x-5$
(11) $-\frac{1}{3}a-\frac{3}{4}$　(12) $-\frac{5}{12}a+\frac{1}{2}$

考え方
(1) $(5a+6)+(2a+4)$
$=5a+6+2a+4=7a+10$
(2) $(5a+6)-(2a+4)$
$=5a+6-2a-4=3a+2$
(4) $(5a+6)-(2a-4)$
$=5a+6-2a+4=3a+10$
(5) $(-x-3)+(-2x+5)$
$=-x-3-2x+5=-3x+2$
(6) $(-x-3)-(-2x+5)$
$=-x-3+2x-5=x-8$
(9) $\left(\frac{1}{3}x-5\right)-\left(\frac{1}{4}x-3\right)$
$=\frac{1}{3}x-5-\frac{1}{4}x+3=\frac{1}{12}x-2$

2 答 (1) $11x+8$　(2) 1
(3) $-4a+12$　(4) $-4b$

考え方
(1) $(5x+9)+(6x-1)$
$=5x+9+6x-1=11x+8$
(3) $(-3a+4)-(a-8)$
$=-3a+4-a+8=-4a+12$
(4) $(2b-1)-(6b-1)$
$=2b-1-6b+1=-4b$

3 答 (1) $6x-2$　(2) $-6a-12$
(3) $4a+12$　(4) $5x-4$
(5) $11x+8$　(6) $0.6x-0.1$

37 式の計算⑤ P.76-77

1 答 (1) $24x$　(2) $-24x$
(3) $-35x$　(4) $-6x$

考え方
(1) $3x\times8=3\times8\times x=24x$
(2) $4x\times(-6)=4\times(-6)\times x$
$=-24x$

2 答 (1) $-5x$　(2) $2x$
(3) $-4a$　(4) $16a$

考え方
(1) $15x\div(-3)=\frac{15x}{-3}=-5x$
(3) $6a\div\left(-\frac{3}{2}\right)=6a\times\left(-\frac{2}{3}\right)$
$=-4a$

3 答 (1) $35x+14$　(2) $18x-48$
(3) $-2a-18$　(4) $8a-28$
(5) $\frac{2}{3}x-6$　(6) $9x-4$

考え方
(1) $7(5x+2)=7\times5x+7\times2$
$=35x+14$
(2) $6(3x-8)=6\times3x+6\times(-8)$
$=18x-48$
(3) $-2(a+9)$
$=(-2)\times a+(-2)\times9=-2a-18$
(5) $\frac{2}{3}(x-9)=\frac{2}{3}\times x+\frac{2}{3}\times(-9)$
$=\frac{2}{3}x-6$
(6) $\left(\frac{3}{4}x-\frac{1}{3}\right)\times12$
$=\frac{3}{4}x\times12-\frac{1}{3}\times12=9x-4$

4 答 (1) $2x-3$　(2) $-4x+2$
(3) $6a-18$　(4) $15a-10$

考え方
(1) $(14x-21)\div7=\frac{14x}{7}-\frac{21}{7}$
$=2x-3$
(2) $(16x-8)\div(-4)$
$=\frac{16x}{-4}+\frac{-8}{-4}=-4x+2$
(3) $(8a-24)\div\frac{4}{3}=(8a-24)\times\frac{3}{4}$
$=6a-18$

38 式の計算⑥

P.78-79

1 答 (1) $-\frac{4}{9}x-1$　(2) $-\frac{3}{10}a+\frac{2}{3}$
(3) $-\frac{1}{3}a+\frac{1}{6}$　(4) $-\frac{10}{9}x+\frac{1}{2}$

考え方
(1) $\frac{2}{3}\left(-\frac{2}{3}x-\frac{3}{2}\right)$
$=\frac{2}{3}\times\left(-\frac{2}{3}x\right)-\frac{2}{3}\times\frac{3}{2}$
$=-\frac{4}{9}x-1$
(3) $\left(-\frac{1}{2}a+\frac{1}{4}\right)\div\frac{3}{2}$
$=\left(-\frac{1}{2}a+\frac{1}{4}\right)\times\frac{2}{3}$
$=\left(-\frac{1}{2}a\right)\times\frac{2}{3}+\frac{1}{4}\times\frac{2}{3}$
$=-\frac{1}{3}a+\frac{1}{6}$
(4) $\left(\frac{5}{6}x-\frac{3}{8}\right)\div\left(-\frac{3}{4}\right)$
$=\left(\frac{5}{6}x-\frac{3}{8}\right)\times\left(-\frac{4}{3}\right)$
$=\frac{5}{6}x\times\left(-\frac{4}{3}\right)-\frac{3}{8}\times\left(-\frac{4}{3}\right)$
$=-\frac{10}{9}x+\frac{1}{2}$

2 答 (1) $6x-10$　(2) $15x-21$

考え方
(1) $\frac{3x-5}{4}\times8=\frac{(3x-5)\times\overset{2}{\cancel{8}}}{\underset{1}{\cancel{4}}}$
$=(3x-5)\times2=6x-10$
(2) $18\times\frac{5x-7}{6}=\frac{\overset{3}{\cancel{18}}\times(5x-7)}{\underset{1}{\cancel{6}}}$
$=3\times(5x-7)=15x-21$

3 答 (1) $5x-15$　(2) $-x+15$
(3) $-5a-12$　(4) $7a-6$

考え方
(1) $2x+3(x-5)=2x+3x-15$
$=5x-15$
(2) $2x-3(x-5)=2x-3x+15$
$=-x+15$
(3) $3a-2(4a+6)=3a-8a-12$
$=-5a-12$

4 答 (1) $5x+9$　(2) $7x-13$
(3) $8x-34$　(4) $4x-13$
(5) $2x+30$　(6) -7
(7) 0　(8) $-24x+16$

考え方
(1) $(3x-1)+2(x+5)$
$=3x-1+2x+10=5x+9$
(4) $3(2x-5)+2(-x+1)$
$=6x-15-2x+2=4x-13$
(5) $5(x+3)-3(x-5)$
$=5x+15-3x+15=2x+30$
(7) $-4(3x+2)+2(6x+4)$
$=-12x-8+12x+8=0$

39 式の計算⑦

P.80-81

1 答 (1) $20x-2$　(2) $-4x-38$

考え方

(1) $2(x+3)+3(2x+4)+4(3x-5)$
$=2x+6+6x+12+12x-20$
$=20x-2$

(2) $2(x-3)+3(2x-4)-4(3x+5)$
$=2x-6+6x-12-12x-20$
$=-4x-38$

2 答 (1) $\mathbf{10x}$　(2) $\mathbf{10x}$
(3) $\mathbf{-6x+9}$　(4) $\mathbf{7x-3}$
(5) $\mathbf{x+4}$　(6) $\mathbf{\frac{11}{12}x-\frac{1}{6}}$

考え方

(1) $15\left(\frac{2}{3}x-2\right)+30$
$=10x-30+30=10x$

(2) $12\left(\frac{x}{2}+1\right)+12\left(\frac{x}{3}-1\right)$
$=6x+12+4x-12=10x$

(3) $18\left(\frac{2}{9}x+\frac{1}{3}\right)-12\left(\frac{5}{6}x-\frac{1}{4}\right)$
$=4x+6-10x+3=-6x+9$

(4) $\frac{1}{5}(10x-5)+\frac{1}{3}(15x-6)$
$=2x-1+5x-2=7x-3$

(6) $\frac{1}{3}(2x+1)+\frac{1}{4}(x-2)$
$=\frac{2}{3}x+\frac{1}{3}+\frac{1}{4}x-\frac{1}{2}$
$=\frac{11}{12}x-\frac{1}{6}$

3 答 (1) $\mathbf{\frac{6x-8}{3}}$　(2) $\mathbf{\frac{5a-7}{5}}$
(3) $\mathbf{\frac{11x-7}{6}}$　(4) $\mathbf{\frac{8x-11}{12}}$
(5) $\mathbf{\frac{29x-36}{12}}$

考え方

(3) $\frac{3x+1}{2}+\frac{x-5}{3}$
$=\frac{3(3x+1)}{6}+\frac{2(x-5)}{6}$
$=\frac{9x+3+\boxed{2x-10}}{6}=\frac{\boxed{11x-7}}{6}$

(5) $\frac{5x-3}{3}+\frac{3x-8}{4}$
$=\frac{4(5x-3)}{12}+\frac{3(3x-8)}{12}$
$=\frac{20x-12+9x-24}{12}=\frac{29x-36}{12}$

4 答 (1) $\mathbf{\frac{2x+9}{15}}$　(2) $\mathbf{\frac{2x+30}{15}}$
(3) $\mathbf{-\frac{7}{12}}$

考え方

(2) $\frac{x+3}{3}-\frac{x-5}{5}$
$=\frac{5(x+3)-3(x-5)}{15}$
$=\frac{5x+15-3x+15}{15}=\frac{2x+30}{15}$

(3) $\frac{3x+1}{6}-\frac{2x+3}{4}$
$=\frac{2(3x+1)-3(2x+3)}{12}$
$=\frac{6x+2-6x-9}{12}=-\frac{7}{12}$

40 関係を表す式① P.82-83

1 答 (1) $\mathbf{500-a=b}$　(2) $\mathbf{x=y-3}$
(3) $\mathbf{a-20=b}$

2 答 (1) $\mathbf{5x=y}$　(2) $\mathbf{3a=b}$

考え方

(2) (道のり)＝(速さ)×(時間)

3 答 (1) $\mathbf{b=3a-2}$　(2) $\mathbf{y=4x+1}$
(3) $\mathbf{a=6b+5}$

考え方

(3) (わられる数)
＝(わる数)×(商)＋(余り)

4 答 (1) $\mathbf{1000x-y=z}$
(2) $\mathbf{10000m+n=1000p}$
(3) $\mathbf{\frac{3}{4}a=y}$　(4) $\mathbf{1000p-q=r}$

考え方

(3) 45分＝$\frac{45}{60}$時間＝$\frac{3}{4}$時間

(4) 1L＝1000mL

41 関係を表す式② P.84-85

1 答 (1) $\mathbf{x>5}$　(2) $\mathbf{x>-3}$
(3) $\mathbf{x<5}$　(4) $\mathbf{x\geqq 6}$
(5) $\mathbf{x\leqq -3}$　(6) $\mathbf{x<6}$

考え方

xがaより大きい ➡ $x>a$
xがa以上 ➡ $x\geqq a$
xがaより小さい ➡ $x<a$
xがa以下 ➡ $x\leqq a$

2 答 (1) $5x \boxed{>} 10$　(2) $2a<10$
(3) $3b \geqq 10$　(4) $5y \leqq 20$

3 答 (1) $x-4>3x$　(2) $x+9<4x$
(3) $2a+6 \geqq 10$　(4) $4b-2<10$
(5) $5y-10 \leqq y$

考え方
(1)　xから4をひいた数は$x-4$，xの3倍は$3x$で，$x-4$が$3x$より大きいから，$x-4>3x$

4 答 (1) $80x>1000$　(2) $5a<20$
(3) $\dfrac{x}{5} \geqq 2$　(4) $3a+b \leqq 14$
(5) $2x+3y<2000$

考え方
(1)　鉛筆の代金は$80 \times x=80x$(円)で，これが1000円より高いから，
$80x>1000$
(2)　長方形の面積は$a \times 5=5a(\mathrm{cm}^2)$で，これが$20\mathrm{cm}^2$より小さいから，
$5a<20$
(3)　(時間)＝(道のり)÷(速さ)より，かかった時間が$\dfrac{x}{5}$時間で，これが2時間以上だから，$\dfrac{x}{5} \geqq 2$
(4)　重さの合計は
$3 \times a+b=3a+b$(kg)で，これが14kg以下だから，$3a+b \leqq 14$
(5)　おとな2人と子ども3人分の入園料の合計は$x \times 2+y \times 3=2x+3y$(円)
2000円払うとおつりがもらえるとは，払った入園料の合計が2000円より安いということだから，
$2x+3y<2000$

42 文字式のまとめ　P.86-87

1 答 (1) $120a+150$(円)
(2) $1000-4.5x$(円)
(3) $\dfrac{x+50}{30}$(時間)

考え方
(2)　$1000-0.9x \times 5=1000-4.5x$
(3)　$\dfrac{x}{5}+\dfrac{10-x}{6}=\dfrac{6x+5(10-x)}{30}$
$=\dfrac{x+50}{30}$

2 答 (1) 18　(2) -6　(3) 3
(4) $\dfrac{1}{6}$　(5) -5　(6) -4

考え方
(1)　$6x-2y=6 \times 2-2 \times (-3)$
$=12+6=18$
(3)　$\dfrac{3x-2y}{4}=\dfrac{3 \times 2-2 \times (-3)}{4}=3$
(4)　$\dfrac{1}{x}+\dfrac{1}{y}=\dfrac{1}{2}-\dfrac{1}{3}=\dfrac{1}{6}$
(5)　$x^2-y^2=2^2-(-3)^2=-5$

3 答 (1) $-a+5$　(2) $-0.8x-0.5$
(3) $-\dfrac{1}{15}x-\dfrac{1}{2}$　(4) $12x-20$
(5) $4x-2$　(6) $2a-3$
(7) $-2a-1$　(8) $6x-11$
(9) $-\dfrac{1}{4}x+\dfrac{11}{6}$　(10) $\dfrac{2x-19}{12}$

考え方
(7)　$2(a-3)-(4a-5)$
$=2a-6-4a+5=-2a-1$
(9)　$\dfrac{1}{6}(3x+2)-\dfrac{3}{4}(x-2)$
$=\dfrac{1}{2}x+\dfrac{1}{3}-\dfrac{3}{4}x+\dfrac{3}{2}$
$=-\dfrac{1}{4}x+\dfrac{11}{6}$
(10)　$\dfrac{2x-5}{4}-\dfrac{x+1}{3}$
$=\dfrac{3(2x-5)-4(x+1)}{12}$
$=\dfrac{6x-15-4x-4}{12}=\dfrac{2x-19}{12}$
★(9)は$\dfrac{-3x+22}{12}$と答えてもよい。

4 答 (1) $3a+4b=30$
(2) $x-5y \geqq 10$

考え方
(1)　正三角形の周の長さは$a \times 3=3a$(cm)，正方形の周の長さは$b \times 4=4b$(cm)で，合計が30cmだから，$3a+4b=30$
(2)　1人に5枚ずつy人に配ると$5 \times y=5y$(枚)
　これをx(枚)からひいたものが10枚以上となるから，$x-5y \geqq 10$

43 方程式① P.88-89

1 答 (1) $5x+80=y$ (2) $5a-b=c$
(3) $x-100=y+100$
(4) $100a-30b=c$

2 答 (1) 周の長さ…$\ell=2\pi r$
面積…$S=\pi r^2$ (2) $S=\dfrac{(a+b)h}{2}$

考え方
(1) (周の長さ)＝(直径)×(円周率)
(面積)＝(半径)^2×(円周率)

3 答 (1) $5x=3x+6$ (2) 下の表

xの値	左　辺	右　辺	等式
1	5×1=5	3×1+6=9	×
2	5×2=10	3×2+6=12	×
3	5×3=15	3×3+6=15	○
4	5×4=20	3×4+6=18	×
5	5×5=25	3×5+6=21	×

4 答 (1) 1 (2) -1

考え方
(1) $x=-2$ のとき
(左辺)＝$4\times(-2)=-8$,
(右辺)＝$-2+3=1$
$x=1$ のとき
(左辺)＝$4\times1=4$,
(右辺)＝$1+3=4$
だから，(左辺)＝(右辺)

5 答 (イ)，(ウ)

考え方
$x=4$ を代入して，(左辺)＝(右辺)が成り立つか調べる。
(ア) (左辺)＝$4-5=-1$
(イ) (左辺)＝$3\times4-5=7$
だから，(左辺)＝(右辺)
(ウ) (左辺)＝$4+3=7$,
(右辺)＝$3\times4-5=7$
だから，(左辺)＝(右辺)
(エ) (左辺)＝$-2\times4=-8$,
(右辺)＝$5-3\times4=-7$

44 方程式② P.90-91

1 答 (1) $x=-2$ (2) $x=8$
(3) $x=-3$ (4) $x=15$
(5) $x=-3$ (6) $x=2$
(7) $x=2$ (8) $x=11$
(9) $x=-6$ (10) $x=2$

考え方
(1) $x+5=3$, $x+5-5=3-\boxed{5}$,
$x=\boxed{-2}$
(2) $x-5=3$, $x-5+5=3+5$,
$x=8$
(5) $x+2=-1$, $x+2-2=-1-2$,
$x=-3$
(7) $5+x=7$, $5-5+x=7-\boxed{5}$,
$x=\boxed{2}$
(8) $-8+x=3$, $-8+8+x=3+8$,
$x=11$

2 答 (1) $x=4$ (2) $x=-\dfrac{1}{2}$
(3) $x=-\dfrac{5}{3}$ (4) $x=0$
(5) $x=6$ (6) $x=-6$
(7) $x=-5$ (8) $x=32$

考え方
(1) $2x=8$, $\dfrac{2x}{2}=\dfrac{8}{2}$
$x=\boxed{4}$
(2) $6x=-3$, $\dfrac{6x}{6}=\dfrac{-3}{6}$
$x=-\dfrac{1}{2}$
(3) $-9x=15$, $\dfrac{-9x}{-9}=\dfrac{15}{-9}$
$x=-\dfrac{5}{3}$
(4) $5x=0$, $\dfrac{5x}{5}=\dfrac{0}{5}$, $x=0$
(5) $\dfrac{1}{2}x=3$, $\dfrac{1}{2}x\times2=3\times\boxed{2}$
$x=\boxed{6}$
(6) $\dfrac{x}{3}=-2$, $\dfrac{x}{3}\times3=-2\times3$
$x=-6$
(7) $-\dfrac{x}{5}=1$,
$-\dfrac{x}{5}\times(-5)=1\times(-5)$
$x=-5$

45 方程式③ P.92-93

1 答 (1) $x=-3$ (2) $x=-1.6$

(3) $x=\frac{2}{3}$　(4) $x=-2.4$

(5) $x=\frac{5}{3}$　(6) $x=\frac{3}{2}$

(7) $x=24$　(8) $x=\frac{2}{3}$

(9) $x=-6$　(10) $x=-\frac{6}{5}$

2 答 (1) $x=4$　(2) $x=-3$

(3) $x=-2$　(4) $x=3$

(5) $x=2$　(6) $x=3$

(7) $x=1$　(8) $x=-3$

考え方

(2) $4x+6=-6$
$4x+6-6=-6-6$
$4x=-12$, $x=-3$

(3) $3x-4=-10$
$3x-4+4=-10+4$
$3x=-6$, $x=-2$

(4) $2x+3=9$
$2x+3-3=9-3$
$2x=6$, $x=3$

(5) $5x=6+2x$
$5x-2x=6+2x-\boxed{2x}$
$3x=\boxed{6}$, $x=\boxed{2}$

(7) $2x=5-3x$
$2x+3x=5-3x+3x$
$5x=5$, $x=1$

3 答 (1) $x=8$　(2) $x=-8$

(3) $x=\frac{3}{4}$　(4) $x=\frac{9}{4}$

考え方

(1) $\frac{x}{4}+5=7$, $\frac{x}{4}+5-5=7-5$
$\frac{x}{4}=2$, $x=8$

(4) $-\frac{2}{3}x+\frac{1}{2}=-1$
$-\frac{2}{3}x+\frac{1}{2}-\frac{1}{2}=-1-\frac{1}{2}$
$-\frac{2}{3}x=-\frac{3}{2}$, $x=\frac{9}{4}$

46 1次方程式の解き方① P.94-95

1 答 (1) $x=-2$　(2) $x=4$

(3) $x=-1$　(4) $x=-4$

(5) $x=-1$　(6) $x=-2$

考え方

(1) $5x-1=2x-7$
$5x-2x=-7+\boxed{1}$, $3x=-6$
$x=-2$

(2) $4x-1=2x+7$
$4x-2x=7+1$, $2x=8$, $x=4$

(3) $-5x-1=3x+7$
$-5x-3x=7+1$, $-8x=8$
$x=-1$

(5) $2x+8=-7x-1$
$2x+7x=-1-8$, $9x=-9$
$x=-1$

2  (1) $x=-\frac{8}{3}$　(2) $x=-\frac{3}{2}$

(3) $x=\frac{2}{3}$　(4) $x=\frac{3}{4}$

考え方

(1) $8x+7=5x-1$
$8x-5x=-1-7$, $3x=-8$
$x=-\frac{8}{3}$

(2) $5x+14=-3x+2$
$5x+3x=2-14$, $8x=-12$
$x=-\frac{12}{8}=-\frac{3}{2}$

(3) $-2x+8=7x+2$
$-2x-7x=2-8$
$-9x=-6$, $x=\frac{2}{3}$

(4) $5x-6=-7x+3$
$5x+7x=3+6$, $12x=9$
$x=\frac{3}{4}$

3 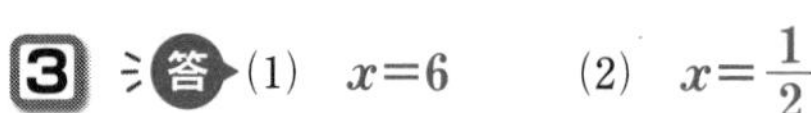
答 (1) $x=6$　(2) $x=\frac{1}{2}$

(3) $x=-2$　(4) $x=\frac{1}{2}$

考え方

(1) $3x+12-5x=0$
$3x-5x=\boxed{-12}$, $-2x=-12$
$x=6$

(2) $3x+7x-5=0$
$3x+7x=5$, $10x=5$
$x=\frac{1}{2}$

(3) $5-3x+7x+3=0$
$-3x+7x=-5-3$
$4x=-8$, $x=-2$

(4) $5+3x-7x-3=0$
$3x-7x=-5+3$
$-4x=-2$, $x=\frac{1}{2}$

4 答 (1) $x=1$　(2) $x=-\frac{1}{2}$

(3) $x=-\frac{2}{3}$　(4) $x=16$

考え方

(1) $-3x+8-2x=6x-3$

$-3x-2x-6x=-3-\boxed{8}$

$-11x=-11$, $x=1$

(2) $3x+8-2x=-9x+3$

$3x-2x+9x=3-8$

$10x=-5$, $x=-\frac{1}{2}$

(4) $-2x+7x+7=6x-9$

$-2x+7x-6x=-9-7$

$-x=-16$, $x=16$

47 1次方程式の解き方② P.96-97

1 答 (1) $x=6$　(2) $x=3$

(3) $x=-45$　(4) $x=8$

(5) $x=-\frac{15}{2}$　(6) $x=0$

考え方

(1) $\frac{1}{2}x-3=\frac{1}{3}x-2$

$\frac{1}{2}x-\frac{1}{3}x=-2+3$, $\frac{1}{6}x=1$

$x=6$

(2) $\frac{4}{3}x-5=-\frac{5}{3}x+4$

$\frac{4}{3}x+\frac{5}{3}x=4+5$, $3x=9$

$x=3$

(3) $\frac{1}{3}x-10=\frac{2}{3}x+5$

$\frac{1}{3}x-\frac{2}{3}x=5+10$, $-\frac{1}{3}x=15$

$x=-45$

(4) $\frac{1}{2}x+3=\frac{1}{4}x+5$

$\frac{1}{2}x-\frac{1}{4}x=5-3$, $\frac{1}{4}x=2$

$x=8$

(5) $\frac{1}{3}x-2=-\frac{3}{5}x-9$

$\frac{1}{3}x+\frac{3}{5}x=-9+2$

$\frac{14}{15}x=-7$, $x=-\frac{15}{2}$

(6) $\frac{1}{5}x+3=-\frac{1}{4}x+3$

$\frac{1}{5}x+\frac{1}{4}x=3-3$

$\frac{9}{20}x=0$, $x=0$

2 答 (1) $x=\frac{3}{4}$　(2) $x=\frac{9}{20}$

(3) $x=\frac{8}{15}$　(4) $x=\frac{5}{12}$

(5) $x=-\frac{1}{2}$　(6) $x=-\frac{3}{13}$

考え方

(1) $\frac{1}{2}x+\frac{1}{8}=\frac{1}{3}x+\frac{1}{4}$

$\frac{1}{2}x-\frac{1}{3}x=\frac{1}{4}-\boxed{\frac{1}{8}}$

$\frac{1}{6}x=\frac{1}{8}$, $x=\frac{6}{8}=\frac{3}{4}$

(2) $\frac{1}{2}x-\frac{1}{8}=-\frac{1}{3}x+\frac{1}{4}$

$\frac{1}{2}x+\frac{1}{3}x=\frac{1}{4}+\frac{1}{8}$, $\frac{5}{6}x=\frac{3}{8}$

$x=\frac{3}{8}\times\frac{6}{5}=\frac{9}{20}$

(6) $1-\frac{9}{2}x=2x+\frac{5}{2}$

$-\frac{9}{2}x-2x=\frac{5}{2}-1$

$-\frac{13}{2}x=\frac{3}{2}$

$x=\frac{3}{2}\times\left(-\frac{2}{13}\right)=-\frac{3}{13}$

3 答 (1) $x=-\frac{1}{2}$　(2) $x=-\frac{5}{3}$

考え方

(1) $1.8x+0.5=-0.4$

$1.8x=-0.4-0.5$,

$1.8x=-0.9$, $x=-\frac{1}{2}$

48 1次方程式の解き方③ P.98-99

1 答 (1) $x=1$　(2) $x=\frac{7}{3}$

(3) $x=\frac{2}{3}$　(4) $x=-\frac{5}{2}$

(5) $x=4$　(6) $x=\frac{3}{2}$

(7) $x=42$　(8) $x=1$

(9) $x=-\frac{5}{2}$　(10) $x=-1$

考え方

(1) $2(x+4)=10$, $2x+8=10$
$2x=2$, $x=1$

(2) $3(2x-5)=-1$, $6x-15=-1$
$6x=14$, $x=\frac{14}{6}=\frac{7}{3}$

(3) $3(3x-4)=-6$, $9x-12=-6$
$9x=6$, $x=\frac{6}{9}=\frac{2}{3}$

(4) $-4(x+1)=6$, $-4x-4=6$
$-4x=10$, $x=-\frac{10}{4}=-\frac{5}{2}$

(6) $4(x-3)=-3(2x-1)$
$4x-12=-6x\boxed{+}3$
$10x=15$, $x=\frac{15}{10}=\frac{3}{2}$

(7) $5(x-6)=4(x+3)$
$5x-30=4x+12$, $x=42$

(8) $-2(x+5)=3(x-5)$
$-2x-10=3x-15$
$-5x=-5$, $x=1$

(9) $-4(3x+5)=5(-2x-3)$
$-12x-20=-10x-15$
$-2x=5$, $x=-\frac{5}{2}$

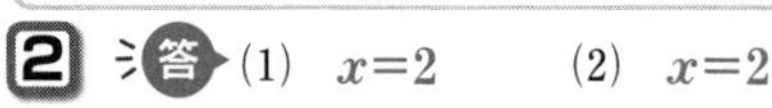

2 答 (1) $x=2$　(2) $x=2$
(3) $x=3$　(4) $x=-\frac{3}{2}$
(5) $x=-2$　(6) $x=3$

考え方

(1) $3x-(x-5)=9$
$3x-x+5=9$, $2x=4$, $x=2$

(2) $3x+2(5x-3)=20$
$3x+10x-6=20$, $13x=26$
$x=2$

(3) $3x-2(x+5)=-7$
$3x-2x-10=-7$, $x=3$

(4) $7-(4x-5)=18$
$7-4x+5=18$, $-4x=6$
$x=-\frac{3}{2}$

(5) $2(3x-4)=3x-14$
$6x-8=3x-14$, $3x=-6$
$x=-2$

(6) $3x-(4-2x)=x+8$
$3x-4+2x=x+8$
$4x=12$, $x=3$

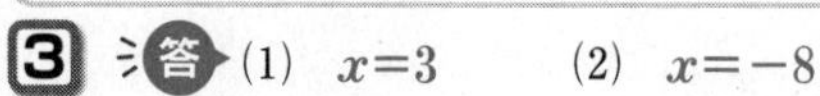

3 答 (1) $x=3$　(2) $x=-8$
(3) $x=\frac{11}{7}$　(4) $x=-2$

考え方

(1) $-(5x-8)=3(x-2)-10$
$-5x+8=3x-6-10$
$-8x=-24$, $x=3$

(4) $3x-2(4x+5)=3(-5x-10)$
$3x-8x-10=-15x-30$
$10x=-20$, $x=-2$

49 1次方程式の解き方④ P.100-101

1 答 (1) $x=\frac{5}{3}$　(2) $x=\frac{19}{3}$
(3) $x=\frac{8}{3}$　(4) $x=4$

考え方

(1) 両辺に12をかけると
$\left(\frac{1}{3}x-\frac{1}{6}\right)\times12=\left(\frac{1}{12}x+\frac{1}{4}\right)\times12$
$4x-2=x+3$, $3x=5$, $x=\frac{5}{3}$

(2) 両辺に12をかけると
$\left(\frac{1}{3}x-\frac{5}{6}\right)\times12=\left(\frac{1}{12}x+\frac{3}{4}\right)\times12$
$4x-10=x+9$, $3x=19$, $x=\frac{19}{3}$

(3) 両辺に24をかけると
$\left(\frac{5}{8}x-\frac{1}{6}\right)\times24=\left(\frac{3}{4}x-\frac{1}{2}\right)\times24$
$15x-4=18x-12$, $-3x=-8$,
$x=\frac{8}{3}$

(4) 両辺に12をかけると
$\left(\frac{3}{4}x-2\right)\times12=\left(\frac{1}{3}+\frac{x}{6}\right)\times12$
$9x-24=4+2x$, $7x=28$, $x=4$

2 答 (1) $x=-10$　(2) $x=\frac{20}{3}$
(3) $x=-24$　(4) $x=-2$
(5) $x=6$　(6) $x=-10$
(7) $x=-\frac{14}{3}$　(8) $x=\frac{9}{4}$

考え方

(1) 両辺に10をかけると

$\left(2-\frac{x}{5}\right)\times 10=\left(9+\frac{x}{2}\right)\times 10$

$20-2x=90+5x$

$-7x=70,\ x=-10$

(3) 両辺に 6 をかけると

$\left(\frac{1}{2}x-\frac{2}{3}x\right)\times 6=4\times 6$

$3x-4x=24,\ -x=24,\ x=-24$

(4) 両辺に 6 をかけると

$\left(\frac{1}{6}x-\frac{2}{3}x\right)\times 6=1\times 6$

$x-4x=6,\ -3x=6,\ x=-2$

(5) 両辺に 6 をかけると

$\left(-\frac{1}{2}x+3\right)\times 6=\left(\frac{1}{3}x-2\right)\times 6$

$-3x+18=2x-12$

$-5x=-30,\ x=6$

(7) 両辺に12をかけると

$\left(\frac{9}{4}x-\frac{1}{3}\right)\times 12=\left(\frac{5}{2}x+\frac{5}{6}\right)\times 12$

$27x-4=30x+10,\ -3x=14$

$x=-\frac{14}{3}$

50 1次方程式の解き方⑤ P.102-103

1 答 (1) $x=13$　(2) $x=-9$

(3) $x=\frac{3}{2}$　(4) $x=-1$

(5) $x=-2$　(6) $x=\frac{1}{2}$

考え方

(1) 両辺に15をかけると

$5(2x+1)=\boxed{3}(4x-7)$

$10x+5=12x-21$

$-2x=-26,\ x=13$

(2) 両辺に12をかけると

$3(3x-1)=2(5x+3)$

$9x-3=10x+6$

$-x=9,\ x=-9$

(4) 両辺に 8 をかけると

$4(x-1)=3x-5$

$4x-4=3x-5,\ x=-1$

2 答 (1) $x=1$　(2) $x=4$

(3) $x=3$　(4) $x=\frac{10}{3}$

考え方

(1) 両辺に 6 をかけると

$8x+3(x+1)=14$

$8x+3x+3=14$

$11x=11,\ x=1$

(2) 両辺に20をかけると

$5x+4(x-5)=16$

$5x+4x-20=16,\ 9x=36$

$x=4$

(3) 両辺に15をかけると

$5x+3(2x-1)=30$

$5x+6x-3=30,\ 11x=33$

$x=3$

(4) 両辺に10をかけると

$5x+2(4x-10)=7x$

$5x+8x-20=7x,\ 6x=20$

$x=\frac{10}{3}$

3 答 (1) $x=\frac{5}{2}$　(2) $x=\frac{5}{2}$

(3) $x=\frac{7}{2}$　(4) $x=9$

考え方

(1) 両辺に 6 をかけると

$3(4x-5)+2(x+2)=\boxed{24}$

$12x-15+2x+4=24$

$14x=35,\ x=\frac{5}{2}$

(2) 両辺に12をかけると

$3(2x-3)+2(2x-5)=6$

$6x-9+4x-10=6$

$10x=25,\ x=\frac{5}{2}$

(4) 両辺に14をかけると

$7(x-1)+2(x-2)=14(x-4)$

$7x-7+2x-4=14x-56$

$-5x=-45,\ x=9$

51 1次方程式の解き方⑥ P.104-105

1 答 (1) $x=-\frac{4}{3}$　(2) $x=-6$

(3) $x=\frac{5}{2}$　(4) $x=2$

(5) $x=3$　(6) $x=9$

(7) $x=10$　(8) $x=-\frac{1}{3}$

考え方

両辺に10をかける。

(2) $4x-9=3x-15$, $x=-6$

(3) $x-17=-7-3x$, $4x=10$

$x=\frac{5}{2}$

(5) $23x-15=60-2x$, $25x=75$

$x=3$

(7) $8x-30=5x$, $3x=30$

$x=10$

2 答 (1) $x=30$ (2) $x=2$

(3) $x=1$ (4) $x=50$

(5) $x=3$ (6) $x=5$

考え方

両辺に100をかける。

(1) $2x+130=16x-\boxed{290}$

$-14x=-420$, $x=30$

(2) $80x+135=160x-25$

$-80x=-160$, $x=2$

(5) $5x+10=25$, $5x=15$, $x=3$

(6) $6x-20=2x$, $4x=20$, $x=5$

3 答 (1) $x=5$ (2) $x=5$

(3) $x=\frac{10}{3}$ (4) $x=-\frac{5}{3}$

考え方

(1)~(3)は両辺に10をかけ，(4)は両辺に100をかける。

(1) $2(x-3)=4$, $2x-6=4$

$2x=10$, $x=5$

(2) $3(x-2)=9$, $3x-6=9$

$3x=15$, $x=5$

(3) $x=4(x-2)-2$

$x=4x-8-2$, $-3x=-10$

$x=\frac{10}{3}$

(4) $80-3(x-5)=100$

$80-3x+15=100$, $-3x=5$

$x=-\frac{5}{3}$

52 1次方程式の解き方⑦

P.106-107

1 答 (1) $x=\frac{1}{2}$ (2) $x=4$

(3) $x=2$ (4) $x=-\frac{1}{5}$

(5) $x=11$ (6) $x=-\frac{1}{3}$

(7) $x=-\frac{1}{2}$ (8) $x=2$

考え方

(1) 両辺に30をかけると

$6x-2(2x-7)=15$

$6x-4x+14=15$

$2x=1$, $x=\frac{1}{2}$

(2) 両辺に63をかけると

$7(x-7)-9(x-9)=6x$

$7x-49-9x+81=6x$

$-8x=-32$, $x=4$

(3) 両辺に 2 をかけると

$6x-(2-x)=2(5x-4)$

$6x-2+x=10x-8$

$-3x=-6$, $x=2$

(4) 両辺に 3 をかけると

$24x-3(4x-1)=2x+1$

$24x-12x+3=2x+1$

$10x=-2$, $x=-\frac{1}{5}$

(5) 両辺に10をかけると

$2(x-1)+10=5(x-1)-20$

$2x-2+10=5x-5-20$

$-3x=-33$, $x=11$

(6) 両辺に18をかけると

$9(x+1)-18=6(x+1)-16$

$9x+9-18=6x+6-16$

$3x=-1$, $x=-\frac{1}{3}$

(7) 両辺に 6 をかけると

$2(x-1)-3(2x+3)=6(x-1)$

$2x-2-6x-9=6x-6$

$-10x=5$, $x=-\frac{1}{2}$

(8) 両辺に15をかけると

$5x-6(x-7)=20x$

$5x-6x+42=20x$

$-21x=-42$, $x=2$

2  (1) $x=0$ (2) $x=7$

(3) $x=2$ (4) $x=-11$

考え方

(1) 両辺に12をかけると

$3(x+4)=4(x+3)$

$3x+12=4x+12$

$-x=0,\ x=0$

(2) 両辺に 6 をかけると

$3(x-6)=1+2(x-6)$

$3x-18=1+2x-12,\ x=7$

(4) 両辺に 6 をかけると

$4(x+3)=3-(2-3x)$

$4x+12=3-2+3x,\ x=-11$

3 答 (1) $x=\frac{12}{5}$　(2) $x=-4$

(3) $x=-2$　(4) $x=2$

考え方

(1) 両辺に 6 をかけると

$2(2x-1)-3(x-1)+4x-7=6$

$4x-2-3x+3+4x-7=6$

$5x=12,\ x=\frac{12}{5}$

(4) $\frac{1}{5}x-\frac{2}{5}(x-4)=-\frac{6}{5}(2x-5)$

両辺に 5 をかけると

$x-2(x-4)=-6(2x-5)$

$x-2x+8=-12x+30$

$11x=22,\ x=2$

53 1次方程式の応用① P.108-109

1 答 (1) $x=5$　(2) $x=3$

(3) $x=12$　(4) $x=8$

考え方

(2) $4x=x+9,\ x=3$

(3) $\frac{x}{3}=x-8,\ x=12$

(4) $2(x-5)=6,\ x=8$

方程式の解が問題にあっているかを，確かめてから答えを書こう。

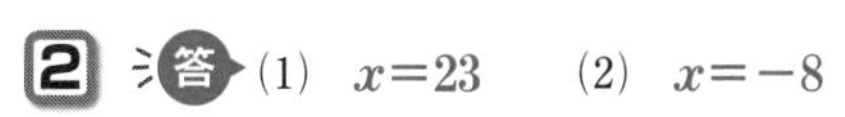

2 答 (1) $x=23$　(2) $x=-8$

考え方

(1) $2x+16=85-x,\ x=23$

(2) $3x+5=2(x-2)+1,\ x=-8$

3 答 90円

考え方

ノート 1 冊の値段を x 円とすると

$200-2x=\boxed{20},\ x=90$

4 答 140円

考え方

ケーキ 1 個の値段を x 円とすると

$500-3x=80,\ x=140$

5 答 80円

考え方

りんご 1 個の値段を x 円とすると

$5x=\boxed{3x}+160,\ x=80$

6 答 12歳

考え方

C さんの今の年齢を x 歳とすると

$x+24=3x,\ x=12$

54 1次方程式の応用② P.110-111

1 答 (1) $500-3x=1000-8x$

(2) 100円

2 答 120円

考え方

ノート 1 冊の値段を x 円とすると

$540-3x=300-x,\ x=120$

3 答 100円

考え方

ノート 1 冊の値段を x 円とすると

$1200-10x=2(400-3x),\ x=100$

4 答 400円ずつ

考え方

兄と弟がお母さんからおこづかいとして x 円ずつもらったとすると

$600+x=2(100+x),\ x=400$

5 答 100円

考え方

弟の所持金を x 円とすると，兄の所持金は $(x+\boxed{50})$ 円だから

$x+(x+\boxed{50})=250,\ x=100$

6 答 90円

考え方

みかん 1 個の値段を x 円とすると，りんご 1 個の値段は $(x+\boxed{30})$ 円だから

$x+(x+30)=210,\ x=90$

7 答 700円

考え方
姉の所持金をx円とすると，妹の所持金は$(x-\boxed{150})$円だから
$x+(x-150)=1250$，$x=700$

55 1次方程式の応用③ P.112-113

1 答 60円

考え方
みかん1個の値段をx円とすると
$8x+\boxed{20}=500$，$x=60$

2 答 消しゴム……80円，鉛筆……60円

考え方
鉛筆1本の値段をx円とすると，消しゴム1個の値段は$(x+\boxed{20})$円だから
$(x+\boxed{20})+5x=380$，$x=60$
消しゴム1個の値段は，
$60+20=80$(円)

3 答 ノート……135円，鉛筆……75円

考え方
鉛筆1本の値段をx円とすると，ノート1冊の値段は$(210-x)$円
$(210-x)+5x=510$，$x=75$
ノート1冊の値段は，
$210-75=135$(円)

4 答 みかん……80円，りんご……120円

考え方
みかん1個の値段をx円とすると，りんご1個の値段は$(200-x)$円だから
$5x+\boxed{7}(200-\boxed{x})=1240$
$5x+1400-7x=1240$，$x=80$
りんご1個の値段は，
$200-80=120$(円)

5 答 60円の鉛筆……13本，
45円の鉛筆……2本

考え方
60円の鉛筆をx本買ったとすると，45円の鉛筆の本数は$(15-\boxed{x})$本だから
$60x+\boxed{45}(15-\boxed{x})=870$
$60x+675-45x=870$，$x=13$
45円の鉛筆の本数は，
$15-13=2$(本)

6 答 なし……5個，りんご……8個

考え方
なしをx個買ったとすると，りんごの個数は$(13-x)$個だから
$140x+120(13-x)=1660$，$x=5$
りんごの個数は，$13-5=8$(個)

7 答 おとな……73人，子ども……17人

考え方
おとながx人入館したとすると，子どもの人数は$(90-x)$人だから
$1000x+400(90-x)=79800$
両辺を100でわると
$10x+4(90-x)=798$，$x=73$
子どもの人数は，$90-73=17$(人)

56 1次方程式の応用④ P.114-115

1 答 (1) $5x+50$，$8x-100$　(2) 50円

考え方
(2) $5x+\boxed{50}=\boxed{8x-100}$，$x=50$

2 答 36人

考え方
生徒の人数をx人とすると
$5x+20=6x-16$，$x=36$

3 答 6人

考え方
子どもの人数をx人とすると
$6x+23=9x+5$，$x=6$

4 答 子ども……7人，りんご……38個

考え方
子どもの人数をx人とすると
$5x+3=6x-4$，$x=7$
りんごの個数は，$5\times7+3=38$(個)

5 答 生徒……13人，色鉛筆……110本

考え方
生徒の人数をx人とすると
$5x+45=8x+6$，$x=13$
色鉛筆の本数は，
$5\times13+45=110$(本)

6 答 10年後

考え方
x年後に父親の年齢が子どもの年齢の3倍になるとすると
$41+x=3(7+x)$，$x=10$

7 答 60円

考え方
兄から弟へx円渡すとすると
$600-x=3(120+x)$, $x=60$

8 答 (1) $2x-200=3(x-200)$
(2) Aさん……800円, Bさん……400円

考え方
(2) (1)の方程式を解くと, $x=400$
はじめのAさんの所持金は,
$2\times400=800$(円)

57 1次方程式の応用⑤ P.116-117

1 答 (1) $\frac{x}{12}$時間 (2) $\frac{x}{30}$時間
(3) 40 km

考え方
(3) $\boxed{\frac{x}{12}}-\boxed{\frac{x}{30}}=2$
両辺に60をかけると
$5x-2x=120$, $x=40$

2 答 30 km

考え方
A地とB地の間の道のりをx kmとすると
$\frac{x}{6}-\frac{x}{10}=2$, $x=30$

3 答 18 km

考え方
A, B間の道のりをx kmとすると
$\frac{x}{6}+\frac{x}{4}=7.5$, $x=18$

4 答 (1) $200x=80x+600$
(2) 5分後

5 答 5分後

考え方
兄が自宅を出発してからx分後にAさんに追いつくとすると
$80(x+\boxed{10})=240x$, $x=5$

6 答 6分後

考え方
兄が自宅を出発してからx分後にAさんに追いつくとすると
$80(x+9)=200x$, $x=6$

7 答 13週間後

考え方
x週間後にBさんの貯金の合計が, Aさんの貯金の合計と等しくなるとすると
$1560+80x=200x$, $x=13$

58 1次方程式の応用⑥ P.118-119

1 答 (1) $0.8x=1200$ (2) 1500円

2 答 600円

考え方
この品物の原価をx円とすると
$1.2x=720$, $x=600$

3 答 15000人

考え方
この町の昨年の人口をx人とすると
$1.08x=16200$, $x=15000$

4 答 500円

考え方
この品物の原価をx円とすると, 売り値は
$1.2x\times\boxed{0.9}=1.08x$(円)
$1.08x-x=40$, $x=500$

5 答 (1) $(600-x)\times\boxed{\frac{12}{100}}=600\times\frac{5}{100}$
(2) 350人

考え方
(2) (1)の式の両辺を100倍すると
$(600-x)\times12=600\times5$
$7200-12x=3000$, $x=350$

6 答 60個

考え方
みかんをx個取り出すとすると
$(80-x)\times\frac{20}{100}=80\times\frac{5}{100}$, $x=60$

7 答 61人

考え方
昨年の女子の生徒数をx人とすると
$x+2=(137+1+2)\times\frac{45}{100}$
$x=61$

59 1次方程式の応用⑦ P.120-121

1 答 (1) **食塩……30 g，水……970 g**
(2) **4 %**

考え方
(1) 食塩…$1000\times\frac{\boxed{3}}{100}=30$(g)
水…$1000-30=970$(g)
(2) この食塩水の濃度を x %とすると
$600\times\frac{x}{100}=24$，$x=4$

2 答 (1) **50 g** (2) **$(500+x)\times\frac{4}{100}$ g**
(3) **750 g**

考え方
(1) $500\times\frac{10}{100}=50$(g)
(2) 水を x g 加えると，食塩水の重さは $(500+\boxed{x})$ g となる。
(3) $(500+\boxed{x})\times\frac{\boxed{4}}{100}=\boxed{50}$
$(500+x)\times4=5000$，$x=750$

3 答 **300 g**

考え方
水を x g 加えるとすると
$(500+x)\times\frac{5}{100}=500\times\frac{8}{100}$
$(500+x)\times5=500\times8$，$x=300$

4 答 **100 g**

考え方
水を x g 蒸発させると，食塩水の重さは $(500-\boxed{x})$ g となる。
$(500-x)\times\frac{10}{100}=500\times\frac{8}{100}$
$x=100$

5 答 **200 g**

考え方
水を x g 蒸発させると
$(600-x)\times\frac{9}{100}=600\times\frac{6}{100}$
$x=200$

60 1次方程式の応用⑧ P.122-123

1 答 (1) **$x-\frac{1}{4}x-500=\frac{2}{3}x$**
(2) **6000円**

考え方
(2) (1)の方程式の両辺を12倍すると
$12x-3x-6000=8x$，$x=6000$

2 答 **2160円**

考え方
Aさんがはじめに x 円持っていたとすると
$x-\frac{1}{4}x-500=\frac{1}{2}x+40$，$x=2160$

3 答 **1200円**

考え方
Aさんがはじめに x 円持っていたとすると
$x-\frac{1}{4}x-\frac{3}{4}x\times\frac{2}{5}=540$，$x=1200$

4 答 **角A…40°，角B…80°，角C…60°**

考え方
角Aの大きさを x°とすると
$x+2x+\boxed{1.5x}=180$，$x=40$
角B……$2\times40°=80°$
角C……$1.5\times40°=60°$

5 答 **A組…38人，B組…35人，C組…37人**

考え方
B組の生徒数を x 人とすると
$(x+3)+x+(x+\boxed{2})=110$，$x=35$

6 答 **Aさん……8100円，**
Bさん……5800円，
Cさん……4600円

考え方
Bさんが持っているお金を x 円とすると
$(x+2300)+x+(x-1200)=18500$
$x=5800$

61 比例式 P.124-125

1 答 (1) **10** (2) **4** (3) **9**
(4) **2** (5) **15** (6) **11**
(7) **$-\frac{1}{3}$** (8) **5**

考え方

$a:b=m:n$ ならば $an=bm$
または，
$a:b=c:d$ ならば $\frac{a}{b}=\frac{c}{d}$
を使う。
(1) $5\times6=3\times x$
$30=3x$ より，$x=10$
または，$\frac{5}{3}=\frac{x}{6}$
両辺に6をかけると， $10=x$ より，
$x=10$と求めてもよい。

2 答 21 cm

考え方

長方形の縦の長さを x cmとすると
$3:4=x:\boxed{28}$
$3\times28=4\times x$
$84=4x$，$x=21$

3 答 160 g

考え方

砂糖の重さを x g とすると
$2:5=x:400$，$x=160$

4 答 兄…1080円，弟…720円

考え方

兄の金額を x 円とすると
弟の金額は $(\boxed{1800}-x)$ 円
$3:2=x:(1800-x)$
$3(1800-x)=2x$
$5400-3x=2x$
$5x=5400$，$x=1080$
兄の金額は1080円，弟の金額は，
$1800-1080=720$(円)

5 答 35本

考え方

白い花の本数を x 本とすると，赤い花の本数は
$(x+7)$ 本
$6:4=(x+7):x$，$6x=4(x+7)$
$6x=4x+28$，$2x=28$，$x=14$
白い花は14本，赤い花は，
$14+7=21$(本)
したがって，全部の花の本数は，
$14+21=35$(本)

62 方程式のまとめ P.126-127

1 答
(1) $x=1$　(2) $x=-2$
(3) $x=-1$　(4) $x=-6$
(5) $x=-1$　(6) $x=\frac{15}{4}$
(7) $x=\frac{35}{3}$　(8) $x=-\frac{14}{15}$
(9) $x=-9$　(10) $x=\frac{7}{2}$

考え方

(1) $3x+5=8$，$3x=3$，$x=1$
(2) $5x+7=2x+1$，$3x=-6$，
$x=-2$
(3) 両辺を3でわると
$x-2=-3$，$x=-1$
(6) 両辺に12をかけると
$4x-9=6$，$x=\frac{15}{4}$
(8) 両辺に10をかけると
$24x-8=9x-22$
$15x=-14$，$x=-\frac{14}{15}$
(9) 両辺に12をかけると
$3(3x-1)=4(2x-3)$
$9x-3=8x-12$，$x=-9$
(10) 両辺に12をかけると
$4(x+4)=6(3x-5)-3$
$4x+16=18x-30-3$
$-14x=-49$，$x=\frac{7}{2}$

2 答 (1) 4　(2) 17

考え方

(1) $12:18=x:6$，$12\times6=18\times x$
$72=18x$，$x=4$
(2) $6:(x-2)=10:25$
$6\times25=(x-2)\times10$
$150=10x-20$
$10x=170$，$x=17$

3 答 大……8個，小……12個

考え方

大の卵を x 個買ったとすると，小の卵の個数は $(20-x)$ 個
$30x+22(20-x)=504$，$x=8$
小の卵の個数は，$20-8=12$(個)

4 答 子ども……9人，みかん……57個

考え方

子どもの人数をx人とすると
$5x+12=7x-6$，$x=9$
みかんの個数は，$5\times9+12=57$(個)

5 答 4分後

考え方

兄が自宅を出発してからx分後にAさんに追いつくとすると
$300(x+6)=750x$，$x=4$

2408R8

文字式

① 文字式の表し方

$$\begin{cases} a \times b = ab,\quad a \times 2 = 2a \\ 1 \times a = a,\quad (-1) \times a = -a \end{cases}$$

$$\begin{cases} a \times a \times a = a^3 \\ (a+b) \times (a+b) = (a+b)^2 \end{cases}$$

$$a \div 2 = \frac{a}{2},\quad (a+b) \div 2 = \frac{a+b}{2}$$

- ×の記号をはぶく。
- 英字はアルファベット順に書く。
- 数字は文字の前に書く。
- 同じ文字の積は累乗の指数を使って書く。
- ÷の記号は分数の形で表す。

② 式の計算

$$\begin{cases} a + a + a = 3a,\quad 3x + 2x = 5x \\ 5x - 4x = x,\quad 5x - 7x = -2x \\ 5x + 3x + 4 + 1 = 8x + 5 \end{cases}$$

●計算法則

$$mx + nx = (m+n)x$$

$$\begin{cases} \quad (3a+2)+(6a-5) \\ = 3a + 2 + 6a - 5 = 9a - 3 \\ \quad (3a+2)-(6a-5) \\ = 3a + 2 - 6a + 5 = -3a + 7 \end{cases}$$

$$a + (b + c) = a + b + c$$
$$a - (b + c) = a - b - c$$

$$\quad 2(x+3) - 3(x-4)$$
$$= 2x + 6 - 3x + 12 = -x + 18$$

○(□＋△)＝○×□＋○×△

方程式

① 方程式とその解

式のなかの文字に特別な値を代入すると成り立つ等式を方程式といい，その特別な値を，方程式の解という。

② 等式の性質

$a = b$ のとき

$$a + c = b + c \qquad a - c = b - c$$
$$a \times c = b \times c \qquad \frac{a}{c} = \frac{b}{c}$$ （c は0でない）

③ 方程式の解き方

・$5x + 1 = 2x + 7$

〔解〕 $5x - 2x = 7 - 1$

$3x = 6,\quad x = 2$

・$\frac{1}{3}x + \frac{1}{6} = \frac{x}{12} - \frac{1}{2}$

〔解〕 $\left(\frac{1}{3}x + \frac{1}{6}\right) \times 12 = \left(\frac{x}{12} - \frac{1}{2}\right) \times 12$

$4x + 2 = x - 6$

$3x = -8,\quad x = -\frac{8}{3}$

- 係数に分数をふくむとき…両辺に分母の最小公倍数をかける。
- 係数に小数をふくむとき…両辺に10，100，……をかける。
- 移項して　$ax = b$ の形にする。
- 両辺を x の係数 a でわる。